河北省高等学校科学研究计划重点项目（ZB2020174）

网络安全生命周期防护指南

WANGLUO ANQUAN SHENGMING ZHOUQI FANGHU ZHINAN

李世武　宋宇斐　赵永斌　郑丽娟　著

河北科学技术出版社
·石家庄·

图书在版编目（CIP）数据

网络安全生命周期防护指南 / 李世武等著. -- 石家庄 : 河北科学技术出版社，2022.6（2023.3重印）
ISBN 978-7-5717-1144-3

Ⅰ. ①网… Ⅱ. ①李… Ⅲ. ①计算机网络－网络安全－指南 Ⅳ. ①TP393.08-62

中国版本图书馆CIP数据核字(2022)第095512号

网络安全生命周期防护指南

李世武　宋宇斐　赵永斌　郑丽娟　著

出版　河北科学技术出版社
地址　石家庄市友谊北大街330号（邮编：050061）
印刷　河北万卷印刷有限公司
开本　710毫米×1000毫米　1/16
印张　14.75
字数　216千字
版次　2022年6月第1版
印次　2023年3月第2次印刷
定价　88.00元

前言

网络安全事关经济发展、社会稳定和国家安全。近年来，随着新技术的发展，面对云计算、移动互联、物联网、工业控制、大数据等，信息系统网络安全威胁日益严峻。自2017年以来，国家相继出台了《中华人民共和国网络安全法》《中华人民共和国密码法》《中华人民共和国数据安全法》《中华人民共和国个人信息保护法》《关键信息基础设施安全保护条例》，为网络安全的管理提供了法律保障。

本书从信息安全保障的角度出发，对网络安全生命周期涉及的各个阶段(安全规划、安全建设、安全运维、安全应急、合规管理)提出了防护思路，从安全环的角度打造网络安全，以应对新时期网络安全形势，提升政府、企事业单位网络安全防护水平。从建设单位、实施单位、监管单位、第三方评估单位的角度对网络安全各生命周期的防护工作进行梳理，落实了《中华人民共和国网络安全法》明确的建设三同步原则，在生命周期内各阶段明确了责任部门及安全责任，在全过程中推行安全同步开展，强化安全工作前移，降低运维阶段的服务压力，对从事信息安全和网络安全方面的管理人员、技术人员以及监管人员具有实际的参考价值。

全书分为三部分，共8章内容。

第一部分：信息安全保障（第一至第二章）。介绍当前国内外网络安全形势、网络安全、信息安全保障的概念、信息安全保障现状、信息系统安全保障模型、网络安全保障架构，最后提出了网络安全生命周期的建设。

第二部分：网络安全标准和法律法规（第三章）。网络安全法律和政策是依据，标准是规范，网络安全生命周期必须基于网络安全法律法规和标准。本部分内容分别对网络安全主要法律、网络安全政策法规、网络安全标准体系进行了介绍，让网络安全管理有法可依，有迹可循。

第三部分：网络安全生命周期各个阶段（第四至第九章）。本部分内容从信息安全保障的角度出发，遵循网络安全合规管理要求，对网络安全生命周期涉及的各个阶段提出了防护思路，从安全环的角度打造网络安全。

本书由石家庄学院李世武、宋宇斐和石家庄铁道大学赵永斌、郑丽娟编写，任寅、沈鹏、李盼、何迎杰等参与了书稿的校对工作。由于时间仓促，书中难免有疏漏和不当之处，敬请读者批准指正。

目 录

第一章 绪论

国际环境日趋复杂，网络霸权主义对世界和平与发展构成威胁，全球产业链、供应链遭受冲击，网络空间安全面临的形势持续复杂多变。网络空间对抗趋势更加突出，大规模针对性网络攻击行为增加，安全漏洞、数据泄露、网络诈骗等风险增加。本章从国际国内形势出发，细分网络安全发展的各个阶段，就信息系统安全、网络安全、信息安全等进行了释义。

第一节　国际国内网络安全形势

当今世界，由海量数据、异构网络、复杂应用共同组成的“网络空间”，已成为领土、领海、领空、太空之外的“第五空间”或人类“第二类生存空间”成为国家主权延伸的新疆域、战略威慑与控制的新领域、意识形态斗争的新平台、维护经济社会稳定的新阵地、未来军事角逐的新战场。当前，信息技术变革方兴未艾，科技进步日新月异，以网络安全为代表的非传统安全威胁持续蔓延，网络空间安全风险持续增加，威胁挑战日益严峻，安全形势不容乐观。

一、国际网络空间安全形势

1. 网络空间安全纳入国家战略

发展网络空间科技、维护国家网络空间主权，是一项长期性、战略性任务。在网络空间领域大国博弈态势加剧背景下，世界各国纷纷将网络空间安全纳入国家战略，作为国家总体安全战略的重要组成部分。网络安全形势变化、网络空间大国博弈加剧以及“美国优先”对美欧网络合作带来巨大冲击，欧盟调整其网络空间战略。注重维护自身的网络空间主权，提出要建立数字主权和技术主权；加大对成员国网络安全的统筹协调，先后出台了多部网络安全法律法规；主动参与网络空间全球治理进程，积极提升影响力与话语权。2013年6月，日本政府发布《网络安全战略》，2011年

5月，美国发布《网络空间国际战略》，明确了针对网络攻击的指导原则。我国也于2016年发布了《国家网络空间安全战略》，提出以总体国家安全观为指导，贯彻落实创新、协调、绿色、开放、共享的发展理念，增强风险意识和危机意识，统筹国内国际两个大局，统筹发展安全两件大事，积极防御、有效应对，推进网络空间和平、安全、开放、合作、有序，维护国家主权、安全、发展利益，实现建设网络强国的战略目标。确立了构建共同维护网络空间和平与安全的“尊重维护网络空间主权、和平利用网络空间、依法治理网络空间、统筹网络安全与发展”四项原则。

2. 网络攻击在国家对抗中深度应用

一些有政府或军方背景的机构通过组织实施大规模网络攻击，达到扰乱他国社会秩序的目的。2010 年，“震网”(Stuxnet) 病毒破坏伊朗核设施，致使伊朗纳坦兹铀浓缩基地至少 1/5 的离心机因感染该病毒而被迫关闭，导致有毒放射性物质泄漏。2015 年 12 月，乌克兰国家电力部门遭受恶意代码攻击，超过 27 家变电站系统被破坏，乌克兰的伊万诺 – 弗兰科夫斯克州近一半家庭（约 140 万人）断电数小时。2016 年 12 月，乌克兰电网再度被攻击，造成首都基辅北部及周边地区断电超过 1 小时。2017 年 5 月 12 日，黑客组织利用泄露的 NSA 黑客数字武器库中“永恒之蓝”工具发起蠕虫病毒攻击进行勒索，中毒计算机文件将被锁定，需支付赎金比特币才能解锁。2019 年 3 月 7 日下午和晚间，委内瑞拉遭遇了波及全国的大范围停电，是该国史上规模最大的停电事件之一，23 个州中仅有 5 个未受波及。9 日上午，全国 70% 的地方恢复了供电，但没过多久电子系统再次遭到“高科技手段”实施的电磁攻击，导致再次大范围的停电。根据中国国家互联网应急中心报告，2020 年，共有位于境外的约 5.2 万个计算机恶意程序控制了中国境内约 531 万台主机，对中国国家安全、经济社会发展和人民正常生产生活造成了严重危害。就所控制中国境内主机数量来看，控制规模排名前三位的控制服务器均来自北约成员国，分别控制了中国境内 446 万、215 万和 194 万台主机。近年来发生的网络安全事件，无不显示出互联网作战效果已经不亚于一场战争，网络安全对抗已逐步升级为网络战争。

3. 网络攻击已逐步深入网络底层固件

随着网络攻击技术不断发展，网络攻击已从网络应用层深入网络底层固件，网络安全威胁无处不在。2017 年 3 月 7 日，维基解密曝光了 8761 份网络攻击活动的秘密文件，曝光了一个规模庞大、种类齐全、技术先进、功能强大的黑客工具库，入侵对象涉及 Windows、Android、iOS、MacOS、Linux 等操作系统，以及智能电视、车载智能系统等智能设备。

二、国内网络空间安全形势

1. 核心技术受制于人的局面没有得到根本性改变

我国网络信息系统应用的核心软硬件、操作系统、高性能芯片等短板瓶颈问题突出，对国外厂商依赖程度高，带来巨大安全威胁，并且严重影响我国安全可控信息技术体系形成。2018 年 4 月，中兴事件直击我国通信产业关键核心技术缺失的痛点，深刻揭示了我国关键核心技术受制于人的局面没有得到根本性改变这一事实。此外，核心技术引自国外也付出了巨大的经济代价。

2. 信息产品存在巨大安全隐患

我国金融、电信、航空、政府、军工等领域关键信息基础设施大量使用国外产品和技术，如芯片、操作系统和密码算法等，其潜在的漏洞我们并不掌握，存在巨大的安全隐患。一旦这些潜在漏洞被利用来发起规模化攻击，造成的安全威胁和产生的后果难以想象。“震网”“火焰”等病毒就是利用西门子、微软等产品存在的漏洞实施攻击，造成了巨大的经济损失。这些攻击一旦实施，轻则导致秘密失泄、基础数据篡改蒸发，重则可能引发金融紊乱、供电中断、交通瘫痪等社会困局。

3. 关键信息基础设施安全防护能力仍然薄弱

截至2021年6月，我国网民规模为10.11亿，互联网普及率达71.6%，我国互联网发展迅速，但网络安全防护体系尚不健全。一方面，我国网络安全投入比较低，占整个IT产业比重仅为1%～2%，远低于西方国家10%的平均水平，系统防御体系尚未建立或不完善的情况是常态。另一方面，防护方式陈旧，以“入侵检测、防火墙、防病毒”老三样为主的传统网络安全防护方式，已不能满足日益复杂、多变的网络安全环境需求。以云计算为例，作为一种托管服务，服务商具有对用户数据的优先访问权，在数据从终端到云端的传输过程中，可能被黑客或恶意相邻租户截获并篡改；许多数据直接以明文形式存储在云端，未采取任何保密性保护措施；海量交易数据以非加密方式进行传输和存储，一旦被窃取，将对我国数据安全、个人隐私安全乃至国家安全造成不可估量的损害。

第二节　概念和术语

信息系统安全：是指为保护计算机信息系统的安全，不因偶然的或恶意的原因而遭受破坏、更改、泄露以及维持系统连续正常运行所采取的一切措施。

网络安全：是指通过采取必要措施，防范对网络的攻击、侵入、干扰、破坏和非法使用以及意外事故，使网络处于稳定可靠运行的状态，以及保障网络数据的完整性、保密性、可用性的能力。

信息安全：亦可称网络安全或者信息网络安全。不同的说法只不过是认知角度不同而已，并无实质性区别。首先，信息安全是信息化进程的必然产物，没有信息化就没有信息安全问题。信息化发展涉及的领域愈广泛、愈深入，信息安全问题就愈多样、愈复杂。信息网络安全问题是一个关系到国家与社会的基础性、全局性、现实性和战略性的重大问题。其次，信息安全的主要威胁来自应用环节。如非法操作、黑客入侵、病毒攻击、网络窃密、网络战等，都体现在应用环节和过程之中。应用规则的严宽、监控力的强弱以及应急响应速度的快慢，决定了信息网络空间的风险防范和安全保障能力、程度与水平的高低。

信息安全发展阶段：

①通信安全：传输过程数据保护。

时间：19 世纪 40 年代至 70 年代。

特点：通过密码技术解决通信保密问题，保证数据的保密性与完整性。

标志：1949 年《保密通信的信息理论》使密码学成为一门科学；1976 年美国斯坦福大学的迪菲和赫尔曼首次提出公钥密码体制；美国国家标准协会在 1977 年公布了《国家数据加密标准》。

②计算机安全：数据处理和存储的保护。

时间：19 世纪 80 年代至 90 年代。

特点：确保计算机系统中的软、硬件及信息在处理、存储、传输中的保密性、完整性和可用性。

标志：美国国防部在 1983 年出版了《可信计算机系统评价准则》。

③信息系统安全：系统整体安全。

时间：19 世纪 90 年代。

特点：强调信息的保密性、完整性、可控性、可用性的信息安全阶段，即 ITSEC（Information Technology Security）。

标志：1993 年至 1996 年美国国防部在 TCSEC 的基础上提出了新的安全评估准则《信息技术安全通用评估准则》，简称 CC 标准。

④ 信息安全保障：积极防御，综合防范，技术与管理并重

时间：19 世纪 90 年代后期至 20 世纪初。

特点：信息安全转化为从整体角度考虑其体系建设的信息保障（Information Assurance）阶段，也称网络信息系统安全阶段。

标志：各个国家分别提出自己的信息安全保障体系。

⑤网络空间安全：工业控制系统、云大移物智。

时间：20 世纪至今。

特点：将防御、威慑和利用结合成三位一体的网络空间安全保障。

标志：2008 年 1 月，布什政府发布了国家网络安全综合倡议（CNCI），号称网络安全“曼哈顿项目”，提出威慑概念，其中包括爱因斯坦计划、情报对抗、供应链安全、超越未来（“Leap-Ahead”）技术战略。

第二章　信息安全保障

随着信息化的不断深入，各国越来越重视信息安全保障工作。本章从信息安全保障的概念、现状、信息系统安全保障模型出发，提出了网络安全整体保障体系以及网络安全保障体系框架结构；提出从网络安全生命周期的角度，在网络安全合规管理、网络安全规划、网络安全建设、网络安全运维、网络安全应急等各个阶段构建信息安全保障体系。

第一节　信息安全保障概念

信息安全保障：为了满足现代信息系统和应用的安全保障需求，除了防止信息泄露、修改和破坏，还应当检测入侵行为；计划和部署针对入侵行为的防御措施；同时，采用安全措施和容错机制，在遭受攻击的情况下，保证机密性、私密性、完整性、抗抵赖性、真实性、可用性和可靠性；修复信息和信息系统所遭受的破坏。它能够使信息系统不受安全威胁的影响，在分布式和不同种类计算和通信环境中，传递可信、正确、及时的信息。通过保证信息和信息系统的可用性、完整性、保密性及抗抵赖性来保护信息和信息系统，包括通过综合保护、检测和响应等能力为信息系统提供修复。

通过与传统的信息安全和信息系统安全的概念比较，不难看出信息安全保障的概念更加广泛。首先，传统信息安全的重点是保护和防御，而信息安全保障的概念是保护、检测和响应的综合。其次，传统信息安全的概念不太关注检测和响应，但信息安全保障非常关注这两点。再次，攻击后的修复不在传统信息安全概念的范围之内，但它是信息安全保障的重要组成部分。最后，传统信息安全的目的是为了防止攻击的发生，而信息安全保障的目的是为了保证当有攻击发生时，信息系统始终能保证维持特定水平的可用性、完整性、真实性、机密性和抗抵赖性。

信息安全保障包含许多学科，涉及多个方面的问题，如策略、法规、道德、管理、评估和技术。同传统的信息安全实践相比，信息安全保障不仅包含设计和改进各种新安全技术，还包括多种应急策略、法规、道德、社会、经济、管理、评估和保障问题，加快了信息安全实践的步伐。

第二节　信息安全保障现状

1. 外部威胁加剧

信息时代，网络无声无息地穿越传统国界，打破了原有的国家防卫格局，使国家安全涵盖的空间从传统的领土、领海、领空，扩大到了“信息边疆”。近年来，世界强国高度重视网络空间这一新兴全球公域，围绕网络空间控制权、主导权和话语权的斗争日趋激烈。网络空间的开放和包容使思想文化的渗透更为容易，信息传播的快捷与隐匿也使得外部势力插手干预更为方便，一些简单问题容易炒作成社会热点问题和政治性问题，甚至会引发社会动荡。部分西方国家打着网络自由的旗号，试图利用网络输出其政治、经济、社会制度和价值观念，甚至利用网络政治运动的巨大能量来瓦解、颠覆他国政权。未来战争不仅是有形战场的生死较量，也是无形战场的激烈博弈，网络空间对抗将贯穿战争的全过程。来自网络空间的威胁给我国国家安全带来了严重挑战，网络空间是大国战略竞争的重要领域和竞争之地。特别是当前贸易战、科技战、舆论战和军事威胁、网络威胁交织，我国国家安全面临着重大风险。

2. 内在需求加大加快

数字经济已经成为我国的新型经济社会形态，与之匹配的基础设施建设工作也在稳步推进。近期我国基本确定了三大类新型基础设施，而基于新一代信息技术演化而成的信息基础设施，也将成为数字经济的关键基础设施乃至整个经济社会的神经中枢。网络安全和信息化是一体之两翼、驱动之双轮。习近平总书记曾指出：“没有网络安全就没有国家安全，没有信息化就没有现代化。”新型基础设施以网络和数据为核心，本质上是数字经济的基础设施。产业数字化和数字产业化过程中，网络化可能会带来网络安全问题，数字化可能会带来数据安全问题。网络安全和数据安全是不同的概念，网络安全是指网络系统的硬件、软件及其系统中的数据受到保护，不因偶然的或者恶意的原因而遭受到破坏、更改、泄露，系统连续可靠正常地运行，网络服务不中断；数据安全是在网络安全提供的有效边界防御基础上，以数据安全使用为目标，有效地实现对核心数据的安全管控。数字经济健康发展需要将数据作为核心保护目标，通过网络安全和数据安全共筑数字经济发展的“护城河”和“城墙”。新冠肺炎疫情防控期间，我国信息基础设施的作用初步显现。远程医疗、在线办公、网络教育、非接触经济、宅经济、共享经济、智能制造等新业态新模式，在新一代信息技术支撑下蓬勃发展，助力抗击疫情和复工复产。网络安全和数据安全问题不仅关系到公民切身利益，而且是涉及保护数字经济发展的关键生产要素。数字经济已成为支撑各国和全球经济增长的重要引擎，数据已成为关键生产要素和重要战略资源，是创造价值的核心资产，数据安全问题已成为经济社会的关键问题。当前，我国的信息安全基础技术研发能力仍需提高，关键信息基础设施安全保障仍需进一步加强，数据安全风险防范能力仍需持续提升。

3. 我国网络安全法律法规体系建设进一步完善，提档升级跨进新时代

截止到 2021 年，多项网络安全法律法规面向社会公众发布，我国网络安全法律法规体系日臻完善。国家互联网信息办公室等 12 个部门联合制定和发布《网络安全审查办法》，以确保关键信息基础设施供应链安全，维护国家安全。《网络安全法》《密码法》《数据安全法》《个人信息保护法》

《关键信息基础设施保护条例》正式颁布实施，法律和法规将为切实保护网络安全提供强有力的法治保障。《中共中央关于制定国民经济和社会发展第十四个五年规划和二〇三五年远景目标的建议》正式发布，提出保障国家数据安全，加强个人信息保护，全面加强网络安全保障体系和能力建设，维护水利、电力、供水、油气、交通、通信、网络、金融等重要基础设施安全。中共中央印发《法治社会建设实施纲要（2020—2025年）》，要求依法治理网络空间，推动社会治理从现实社会向网络空间覆盖，建立健全网络综合治理体系，加强依法管网、依法办网、依法上网，全面推进网络空间法治化，营造清朗的网络空间。同时，国家发改委、工业和信息化部、公安部、交通运输部、国家市场监督管理总局等多个部门，陆续出台相关配套文件，不断推进我国各领域网络安全工作。国家网络安全提档升级，进程明显加快，已经进入全新时代，要求我们梳理新理念、采取新举措、实现新目标。

4. 网络安全宣传活动丰富、威胁治理成效显著

党的十八大以来，我国持续加强网络安全顶层设计，每年开展国家网络安全宣传周活动，组织丰富多样的网络安全会议、赛事等活动，不断加大网络安全知识宣传力度。2020年，CNCERT/CC协调处置各类网络安全事件约10.3万起，同比减少4.2%。据抽样监测发现，我国被植入后门网站、被篡改网站等数量均有所减少，其中被植入后门的网站数量同比减少37.3%，境内政府网站被植入后门的数量大幅下降，同比减少64.3%；被篡改的网站数量同比减少45.9%。在主管部门指导下，CNCERT/CC持续开展对被用于进行DDos（Distributed Denial of Services，分布式拒绝服务）攻击的网络资源（以下简称“攻击资源”）的治理工作，境内可被利用的攻击资源稳定性降低，被利用发起攻击的境内攻击资源数量持续控制在较低水平，有效降低了自我国境内发起的攻击流量，从源头上持续遏制DDoS攻击事件。根据其他相关报告，全年我国境内DDoS攻击次数减少16.16%，攻击总流量下降

19.67%；僵尸网络控制端数量在全球的占比稳步下降至 2.05%。

5. 网络安全培训工作有序开展

2015 年 7 月 1 日，《国家安全法》正式实施。（第七十六条 国家加强国家安全新闻宣传和舆论引导，通过多种形式开展国家安全宣传教育活动，将国家安全教育纳入国民教育体系和公务员教育培训体系，增强全民国家安全意识。）2017 年 6 月 1 日，《网络安全法》正式实施。［第二十条 国家支持企业和高等学校、职业学校等教育培训机构开展网络安全相关教育与培训，采取多种方式培养网络安全人才，促进网络安全人才交流。第三十四条 除本法第二十一条的规定外，关键信息基础设施的运营者还应当履行下列安全保护义务：……（二）定期对从业人员进行网络安全教育、技术培训和技能考核。］2021 年 9 月 1 日，《数据安全法》正式实施。（第二十条 国家支持教育、科研机构和企业等开展数据开发利用技术和数据安全相关教育和培训，采取多种方式培养数据开发利用技术和数据安全专业人才，促进人才交流。第二十七条 开展数据处理活动应当依照法律、法规的规定，建立健全全流程数据安全管理制度，组织开展数据安全教育培训，采取相应的技术措施和其他必要措施，保障数据安全。）利用互联网等信息网络开展数据处理活动，应当在网络安全等级保护制度的基础上，履行上述数据安全保护义务。“网络空间的竞争，归根结底是人才竞争。”网络安全人才培养已被政府列为国家发展大战略，网络安全类的教育已被国家列为重点发展内容。目前，中国信息安全测评中心开展了 CISP 系列培训，中国网络安全审查和认证中心开展了安全岗位能力认证培训，中国互联网应急中心开展了安全应急等专业技术培训。全国很多高校开设了信息安全专业，另外一些高校也授予了硕士点和博士点。社会办学机构开设的网络安全课程以及国际网络安全认证也如火如荼。

6. APT组织对我国重要行业实施攻击

（1）利用社会热点信息投递钓鱼邮件的APT攻击行动高发

境外“白象”“海莲花”“毒云藤”等APT攻击组织以“新冠肺炎疫情”“基金项目申请”等相关社会热点及工作文件为诱饵，向我国重要单位邮箱账户投递钓鱼邮件，诱导受害人点击仿冒该单位邮件服务提供商或邮件服务系统的虚假页面链接，从而盗取受害人的邮箱账号和密码。2020年1月，“白象”组织利用新冠肺炎疫情相关热点，冒充我国卫生机构对我国20余家单位发起定向攻击；2月，“海莲花”组织以“H5N1亚型高致病性禽流感疫情”“冠状病毒实时更新”等时事热点为诱饵对我国部分卫生机构发起“鱼叉”攻击；“毒云藤”组织长期利用伪造的邮箱文件共享页面实施攻击，获取了我国百余家单位的数百个邮箱的账户权限。

（2）供应链攻击成为APT组织常用攻击手法

APT组织多次对攻击目标采用供应链攻击。例如，新冠肺炎疫情防控下的远程办公需求明显增多，虚拟专用网络（VPN）成为远程办公人员接入单位网络的主要技术手段之一。在此背景下，部分APT组织通过控制VPN服务器，将木马文件伪装成VPN客户端升级包，下发给使用这些VPN服务器的重要单位。经监测发现，东亚区域APT组织以及“海莲花”组织等多个境外APT组织通过这一方式对我国党政机关、科研院所等多家重要行业单位发起攻击，造成较为严重的网络安全风险。2020年年底，美国爆发SolarWinds供应链攻击事件，包括美国有关政府机构及微软、思科等大型公司在内的大量机构受到影响。

（3）部分APT组织网络攻击工具长期潜伏在我国重要机构设备中

为长期控制重要目标从而窃取信息，部分APT组织利用网络攻击工具，在入侵我国重要机构后长期潜伏，这些工具功能强大、结构复杂、隐蔽性高。2020年3—7月，“响尾蛇”组织隐蔽控制我国某重点高校主机，持续窃取了多份文件；9 月，在我国某研究机构服务器上发现“方程式”组织使用的高度隐蔽网络窃密工具，结合前期该机构主机被控情况，可以推断，最早可追溯至 2013 年，“方程式”组织就已开始对该研究机构实施长期潜伏攻击。

7. App 违法违规收集个人信息治理取得积极成效

（1）App 违法违规收集个人信息治理取得积极成效

App 违法违规收集使用个人信息乱象的治理持续推进，取得积极成效。截至 2020 年年底，国内主流应用商店可下载的在架活跃 App 达到 267 万款，安卓 App、苹果 App 分别为 105 万款、162 万款。为落实《中华人民共和国网络安全法》，进一步规范 App 个人信息收集行为，保障个人信息安全，国家互联网信息办公室会同工业和信息化部、公安部、市场监督管理总局持续开展 App 违法违规收集使用个人信息治理工作，对存在未经同意收集、超范围收集、强制授权、过度索权等违法违规问题的 App 依法予以公开曝光或下架处理；研究起草了《常见类型移动互联网应用程序（App）必要个人信息范围规定（征求意见稿）》，并面向社会公开征求意见，规定了地图导航、网络约车、即时通信等常见类型 App 的必要个人信息范围。

（2）公民个人信息未脱敏展示与非法售卖情况较为严重

监测发现，身份证号码、手机号码、家庭住址、学历、工作等敏感个人信息暴露在互联网上，全年仅CNCERT/CC就累计监测发现政务公开、招考公示等平台未脱敏展示公民个人信息事件107起，涉及未脱敏个人信息近10万条。此外，全年累计监测发现个人信息非法售卖事件203起，其中，银行、证券、保险相关行业用户个人信息遭非法售卖的事件占比较高，约占数据非法交易事件总数的40%；电子商务、社交平台等用户数据和高校、培训机构、考试机构等教育行业通信录数据分别占数据非法交易事件总数的20%和12%。

（3）联网数据库和微信小程序数据泄露风险问题突出

CNCERT/CC 持续推进数据安全事件监测发现和协调处置工作，2020年累计监测并通报联网信息系统数据库存在安全漏洞、遭受入侵控制以及个人信息遭盗取和非法售卖等重要数据安全事件 3000 余起，涉及电子商务、互联网企业、医疗卫生、校外培训等众多行业机构。分析发现，使用 MySQL、SQL Server、Redis、PostgreSQL 等主流数据库的信息系统遭攻击较为频繁。其中，数据库密码爆破攻击事件最为普遍，占比高达 48%，数据库遭删库、拖库、植入恶意代码、植入后门等事件时有发生，数据库存在漏洞等风险情况较为突出。

近年来，微信小程序（以下简称“小程序”）发展迅速，但也暴露出较为突出的安全隐患，特别是用户个人信息泄露风险较为严峻。CNCERT/CC 从程序代码安全、服务交互安全、本地数据安全、网络传输安全、安全漏洞等 5 个维度，对国内 50 家银行发布的小程序进行了安全性检测。检测结果显示，平均 1 个小程序存在 8 项安全风险，在程序源代码暴露关键信息和输入敏感信息时未采取防护措施的小程序数量占比超过 90%；未提供个人信息收集协议的超过 80%；个人信息在本地储存和网络传输过程中未进行加密处理的超过 60%；少数小程序则存在较严重的越权风险。

8. 漏洞信息共享与应急工作稳步深化

（1）漏洞信息共享与应急工作稳步推进

国家信息安全漏洞共享平台（以下简称“CNVD”）全年新增收录通用软硬件漏洞数量创历史新高，达 20704 个，同比增长 27.9%；近 5 年来新增收录漏洞数量呈显著增长态势，年均增长率为 17.6%。全年开展重大突发漏洞事件应急响应工作 36 次，涉及办公自动化 (OA) 系统、内容管理系统（CMS）、防火墙系统等；对约 3.1 万起漏洞事件开展了验证和处置工作；及时向社会公开发布影响范围广、需终端用户尽快修复的重大安全漏洞公告26份，有效化解重大安全漏洞可能引发的安全风险。

（2）历史重大漏洞利用风险依然较为严重

经抽样监测发现，利用安全漏洞针对境内主机进行扫描探测、代码执行等的远程攻击行为日均超过2176.4万次。根据攻击来源IP地址进行统计，攻击主要来自境外，占比超过75%。攻击者所利用的漏洞类型主要覆盖网站侧、主机侧、移动终端侧，其中攻击网站所利用的典型漏洞为Apache Struts2远程代码执行、WebLogic反序列化等漏洞；攻击主机所利用的典型漏洞为“永恒之蓝”、OpenSSL、“心脏滴血”等漏洞；攻击移动终端所利用的典型漏洞为Webview远程代码执行等漏洞。上述典型漏洞均为历史上曾造成严重威胁的重大漏洞，虽然已曝光较长时间，但目前仍然受到攻击者重点关注，安全隐患依然严重，针对此类漏洞的修复工作尤为重要和紧迫。

（3）网络安全产品自身漏洞风险上升

CNVD收录的通用型漏洞中，网络安全产品类漏洞数量达424个，同比增长110.9%，网络安全产品自身存在的安全漏洞需获得更多关注。终端安全响应（EDR）系统、堡垒机、防火墙、入侵防御系统、威胁发现系统等网络安全防护产品多次被披露存在安全漏洞。由于网络安全防护产品在网络安全防护体系中发挥着重要作用，且这些产品在国内使用范围较广，相关漏洞一旦被不法分子利用，可能构成严重的网络安全威胁。

9. 恶意程序治理成效明显

（1）计算机恶意程序感染数量持续减少

我国持续开展计算机恶意程序常态化打击工作，2020年成功关闭386个控制规模较大的僵尸网络，近5年来感染计算机恶意程序的主机数量持续下降，并保持在较低感染水平，年均减少率为25.1%。为从源头上治理移动互联网恶意程序，有效切断传播源，CNCERT/CC重点协调国内已备案的App传播渠道开展恶意App下架工作。2014—2020年下架数量分别为

3.9 万个、1.7 万个、8910 个、8364 个、3578 个、3057 个和 2333 个，恶意 App 下架数量持续保持逐年下降趋势。

（2）勒索病毒的勒索方式和技术手段不断升级

勒索病毒持续活跃，全年捕获勒索病毒软件 78.1 万余个，较 2019 年同比增长 6.8%。近年来，勒索病毒逐渐从“广撒网”转向定向攻击，表现出更强的针对性，攻击目标主要是大型高价值机构。同时，勒索病毒的技术手段不断升级，利用漏洞入侵过程以及随后的内网横向移动过程的自动化、集成化、模块化、组织化特点愈发明显，攻击技术呈现快速升级趋势。勒索方式持续升级，勒索团伙将被加密文件窃取回传，在网站或暗网数据泄露站点上公布部分或全部文件，以威胁受害者缴纳赎金，例如我国某互联网公司就曾遭受来自勒索团伙 Maze 实施的此类攻击。

（3）采用 P2P 传播方式的联网智能设备恶意程序异常活跃

P2P 传播方式是恶意程序的传统传播手段之一，具有传播速度快、感染规模大、追溯源头难的特点，Mozi PinkBot 等联网智能设备恶意程序家族在利用该传播方式后活动异常活跃。据抽样监测发现，我国境内以 P2P 传播方式控制的联网智能设备数量非常庞大，达 2299.7 万个。全年联网智能设备僵尸网络控制规模增大，部分大型僵尸网络通过 P2P 传播与集中控制相结合的方式对受控端进行控制。为净化网络安全环境，CNCERT/CC 组织对集中式控制端进行打击，但若未清理恶意程序，受感染设备之间仍可继续通过 P2P 通信保持联系，并感染其他设备。随着更多物联网设备不断投入使用，采用 P2P 传播的恶意程序可能对网络空间产生更大威胁。

（4）仿冒 App 综合运用多种手段规避检测

随着恶意App治理工作持续推进，正规平台上恶意App数量逐年呈下降趋势，仿冒App已难以通过正规平台上架和传播，转而采用一些新的传播方式。一些不法分子制作仿冒App并通过分发平台生成二维码或下载链接，采取“定向投递”等方式，通过短信、社交工具等向目标人群发送二维码或下载链接，诱骗受害人下载安装。同时，还综合运用下载链接多次跳转、域名随机变化、泛域名解析等多种技术手段，规避检测。当某个仿冒App下载链接被处置后，立即生成新的传播链接，以达到规避检测的目的，增加了治理难度。

10. 网页仿冒治理工作力度持续加大

（1）通过加强行业合作持续开展网页仿冒治理工作

为有效防范网页仿冒引发的危害，CNCERT/CC 围绕针对金融、电信等行业的仿冒页面进行重点处置，全年共协调国内外域名注册机构关闭仿冒页面 1.7 万余个；对于其他仿冒页面，中国互联网网络安全威胁治理联盟（CCTGA）联合国内 10 家浏览器厂商，通过协同防御试点的方式，在用户访问钓鱼网站时进行提示拦截，全年提示拦截次数达 3.9 亿次。

（2）仿冒 ETC 页面呈井喷式增长

2019 年以来，电子不停车收费（ETC）系统在全国大力推广，ETC 页面直接涉及个人银行卡信息。不法分子通过仿冒 ETC 相关页面，骗取个人银行卡信息。2020 年 5 月以来，以“ETC 在线认证”为标题的仿冒页面数量呈井喷式增长，并在 8 月达到峰值 5.6 万余个，占针对我国境内网站仿冒页面总量的 91%。此类仿冒页面承载 IP 地址多位于境外，不法分子通过“ETC 信息认证”“ETC 在线办理认证”“ETC 在线认证中心”等不同页面内容诱骗用户提交姓名、银行账号、身份证号、手机号、密码等个人隐私信息，致使大量用户遭受经济损失。

（3）针对网上行政审批的仿冒页面数量大幅上涨

受新冠肺炎疫情影响，大量行政审批转向线上。2020 年年底，出现大量以“统一企业执照信息管理系统”为标题的仿冒页面，仅 11—12 月即监测发现此类仿冒页面 5.3 万余个。不法分子通过该类页面诱骗用户在仿冒页面上提交真实姓名、银行卡号、卡内余额、身份证号、银行预留手机号等信息。此外，监测还发现大量以“核酸检测”“新冠疫苗预约”等为标题的仿冒页面，其目的在于非法获取用户姓名、住址、身份证号、手机号等个人隐私信息。

11. 工业领域网络安全工作不断强化

（1）监管要求、行业扶持和产业带动成为网络安全在工业领域不断落地和深化的三大动力

为满足监管要求和行业网络安全保障需求，国家相关主管部门加大对重点行业网络安全政策和资金扶持力度，工业控制安全行业蓬勃发展。为行业量身定做的、具有实际效果的安全解决方案得到更多认可，如电网等较早开展工业控制安全的行业，已逐步从合规性需求向效果性需求转变。除外围安全监测与防护，核心软硬件的本体安全和供应链安全日益得到重视。

（2）工业控制系统互联网侧安全风险仍较为严峻

监测发现，我国境内2020年直接暴露在互联网上的工业控制设备和系统存在高危漏洞隐患占比仍然较高。在对能源、轨道交通等关键信息基础设施在线安全巡检中发现，20%的生产管理系统存在高危安全漏洞。与此同时，工业控制系统已成为黑客攻击利用的重要对象，境外黑客组织对我国工业控制视频监控设备进行了针对性攻击。2020年2月，针对存在某特定漏洞工业控制设备的恶意代码攻击持续半个月之久，攻击次数达6700万次，攻击对象包含数十万个IP地址。为有效降低工业控制系统互联网侧的安全风险，各相关行业需加大资金投入力度，提升工业控制设备漏洞安全监测能力，加强处置力度，从而及时消除互联网侧安全风险暴露点。

第三节　信息系统安全保障模型

在国家标准《信息系统安全保障评估框架第一部分：简介和一般模型》(GB/T20274.1—006)中描述了信息系统安全保障模型，该模型包含保障要素、生命周期和安全特征3个方面，如图2-1所示。

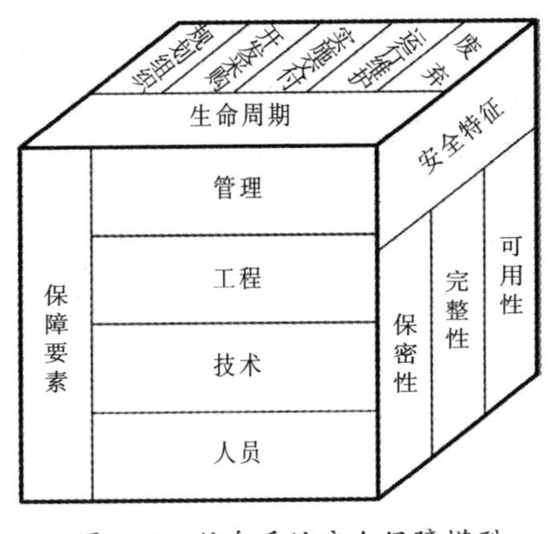

图2-1　信息系统安全保障模型

其中，安全特征是指信息系统是信息产生、传输、存储和处理的载体，信息系统保障的基本目标就是保证其所创建、传输、存储和处理信息的保密性、完整性和可用性；生命周期是指信息系统安全保障应贯穿信息系统的整个生命周期，包括规划组织、开发采购、实施交付、运行维护和废弃5个阶段，以获得信息系统安全保障能力的持续性；保障要素是指信息系统安全保障需要从技术、工程、管理和人员4个领域进行综合保障，由合格的信息安全专业人员，使用合格的信息安全技术和产品，通过规范、可持续性改进的工程过程能力和管理能力进行建设及运行维护，保障信息系统安全。

由图 2–1 可以看出，该信息系统安全保障模型将风险和策略作为信息系统安全保障的基础和核心。首先，强调信息系统安全保障持续发展的动态安全模型，即信息系统安全保障应该贯穿于整个信息系统生命周期的全过程；其次，强调综合保障的观念，信息系统的安全保障是通过综合技术、管理、工程与人员的安全保障来实施和实现信息系统的安全保障目标，通过对信息系统的技术、管理、工程和人员的评估，提供对信息系统安全保障的信心；第三，以风险和策略为基础，在整个信息系统的生命周期中实施技术、管理、工程和人员保障要素，从而使信息系统安全保障实现信息安全的安全特征，达到保障组织机构执行其使命的根本目的。

在这个模型中，更强调信息系统所处的运行环境、信息系统的生命周期和信息系统安全保障的概念。信息系统生命周期有各种各样的模型，信息系统安全保障模型中的信息系统生命周期模型是基于这些模型的一个简单、抽象的概念性说明模型，它的主要用途在于对信息系统生命周期模型及保障方法进行说明。在信息系统安全保障具体操作时，可根据实际环境和要求进行改动和细化。强调信息系统生命周期，是因为信息安全保障是要达到覆盖整个生命周期的、动态持续性的长效安全，而不是仅在某时间点下保证安全性。

一、信息系统安全保障安全特征

信息安全保障的安全特征就是保护信息系统所创建、传输、存储和处理信息的保密性、完整性和可用性等安全特征不被破坏。但信息安全保障的目标不仅仅是保护信息和信息处理设施等资产的安全，更重要的是通过保障资产的安全来保障信息系统的安全，进而来保障信息系统所支撑业务的安全，从而达到实现组织机构使命的目的。

二、信息系统安全保障生命周期

在信息系统安全保障模型中，信息系统的生命周期和保障要素不是相互孤立的，它们相互关联、密不可分。图 2–2 为信息系统安全保障生命周期的安全保障要素。

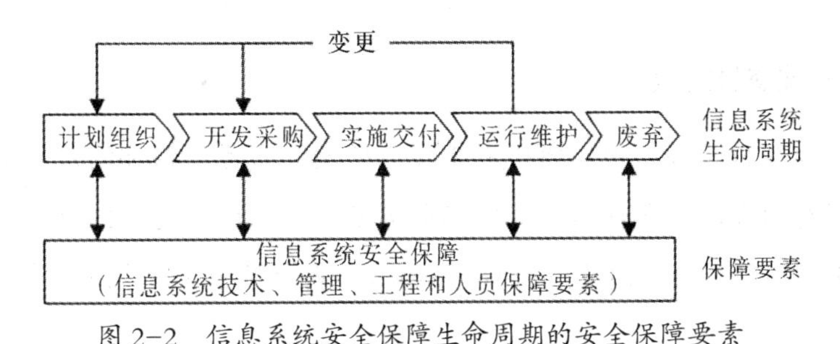

图 2–2　信息系统安全保障生命周期的安全保障要素

信息系统的整个生命周期可以抽象成计划组织、开发采购、实施交付、运行维护和废弃五个阶段，在运行维护阶段变更，以产生反馈，形成信息系统生命周期完整的闭环结构。在信息系统生命周期中的任何时间点上，都需要综合信息系统安全保障的技术、管理、工程和人员保障要素。下面分别对这五个阶段进行简要介绍。

1. 计划组织阶段

单位的使命和业务要求产生了信息系统安全保障建设和使用的需求。在此阶段，信息系统的风险及策略应加入信息系统建设和使用的决策中，从信息系统建设开始就应该综合考虑系统的安全保障要求，使信息系统的建设和信息系统安全建设同步规划、同步实施。

2. 开发采购阶段

开发采购阶段是计划组织阶段的细化、深入和具体体现。在此阶段，应进行系统需求分析、考虑系统运行要求、设计系统体系以及相关的预算申请和项目准备等管理活动，克服传统的、基于具体技术或产品的片面性，基于系统需求、风险和策略，将信息系统安全保障作为一个整体进行系统的设计和建设，建立信息系统安全保障整体规划和全局视野。组织可以根据具体要求，评估系统整体的技术、管理安全保障规划或设计，保证对信息系统的整体规划满足组织机构的建设要求和国家、行业或组织机构的其他要求。

3. 实施交付阶段

在实施交付阶段，单位可以对承建方的安全服务资格和信息安全专业人员资格有所要求，确保施工组织的服务能力，还可以通过信息系统安全保障的工程管理对施工过程进行监理和评估，确保最终交付系统的安全性。

4. 运行维护阶段

信息系统进入运行维护阶段后，需要对信息系统的管理、运行维护和使用人员的能力等方面进行综合保障，这是信息系统得以安全、正常运行的根本保证。此外，信息系统投入运行后并不是一成不变的，它随着业务和需求的变更、外界环境的变更产生新的要求或增强原有的要求，重新进入信息系统的计划组织阶段。

5. 废弃阶段

当信息系统的保障不能满足现有要求时，信息系统进入废弃阶段。

通过在信息系统生命周期的所有阶段融入信息系统安全保障概念，确保信息系统的持续动态安全保障。

三、信息系统安全保障要素

在空间维度上，信息系统安全需要从技术、工程、管理和人员 4 个领域进行综合保障。在安全技术方面，不仅要考虑具体的产品和技术，更要考虑信息系统的安全技术体系架构；在安全管理方面，不仅要考虑基本安全管理实践，更要结合组织特点建立相应的安全管理体系，形成长效和持续改进的安全管理机制；在安全工程方面，不仅要考虑信息系统建设的最终结果，更要结合系统工程的方法，注重工程过程各个阶段的规范化实施；在人员安全方面，要考虑与信息系统相关的所有人员(包括规划者、设计者、管理者、运行维护者、评估者、使用者等)所应具备的信息安全专业知识和能力。

1. 信息安全技术

常用信息安全技术主要包括以下类型。

①密码技术：密码技术及应用涵盖了数据处理过程的各个环节，如数据加密、密码分析、数字签名、身份识别和秘密分享等。通过以密码学为核心的信息安全理论与技术来保证达到数据的机密性和完整性等要求。

②访问控制技术：访问控制技术是在为用户提供系统资源最大限度共享的基础上，对用户的访问权进行管理，防止对信息的非授权篡改和滥用。访问控制对经过身份鉴别后的合法用户提供所需要的且经过授权的服务，拒绝用户越权的服务请求，保证用户在系统安全策略下有序工作。

③网络安全技术：网络安全技术包括网络协议安全、防火墙、入侵检测系统/入侵防御系统（Intrusion Prevention System, IPS）、安全管理中心（Security Operations Center, SOC）、统一威胁管理（Unified Threat Management, UTM）等。这些技术主要是保护网络的安全，阻止网络入侵攻击行为。防火墙是一个位于可信网络和不可信网络之间的边界防护系统。防病毒网关对基于超文本传输协议（Hypertext Transfer Protocol, HTTP）、文件传输协议（File Transfer Protocol, FTP）、简单邮件传送协议（Simple Mail Transfer Protocol, SMTP）、邮局协议版本3（Post Office Protocol3, POP3）安全超文本传输协议（Hypertext Transfer Protocol over Secure Socket Layer,

HTTPS）等人侵网络内部的病毒进行过滤。入侵检测系统是一种对网络传输进行即时监视，在发现可疑传输时发出警报的网络安全设备。入侵防御系统是监视网络传输行为的安全技术，它能够即时中断、调整或隔离一些异常或者具有伤害性的网络传输行为。

④操作系统与数据库安全技术：操作系统安全技术主要包括身份鉴别、访问控制、文件系统安全、安全审计等方面。数据库安全技术包括数据库的安全特性和安全功能，数据库完整性要求和备份恢复，数据库安全防护、安全监控和安全审计等。

⑤安全漏洞与恶意代码防护技术：安全漏洞与恶意代码防护技术包括减少不同成因和类别的安全漏洞，发现和修复这些漏洞的方法；针对不同恶意代码加载、隐藏和自我保护技术的恶意代码的检测及清除方法等。

⑥软件安全开发技术：软件安全开发技术包括软件安全开发各关键阶段应采取的方法和措施，减少和降低软件脆弱性以应对外部威胁，确保软件安全。

2. 信息安全管理

信息安全管理主要包含以下内容。

①信息安全管理体系。信息安全管理体系是整体管理体系的一部分，也是组织在整体或特定范围内建立信息安全方针和目标，并完成这些目标所用方法的体系。基于对业务风险的认识，信息安全管理体系包括建立、实施、运作、监视、评审、保持和改进信息安全等一系列管理活动，它是组织结构、方针策略、计划活动、目标与原则、人员与责任、过程与方法、资源等诸多要素的集合。

②信息安全风险管理。信息安全管理就是依据安全标准和安全需求，对信息、信息载体和信息环境进行安全管理以达到安全目标。风险管理贯穿于整个信息系统生命周期，包括背景建立、风险评估、风险处理、批准监督、监控审查和沟通咨询6个方面的内容。其中，背景建立、风险评估、

风险处理和批准监督是信息安全风险管理的 4 个基本步骤，监控审查和沟通咨询则贯穿于这 4 个基本步骤的始终。

③信息安全控制措施。信息安全控制措施是管理信息安全风险的具体手段和方法。将风险控制在可接受的范围内，这依赖于组织部署的各种安全措施。合理的控制措施集应综合技术、管理、物理、法律、行政等各种方法，威慑安全违规人员甚至犯罪人员，预防、检测安全事件的发生，并将遭受破坏的系统恢复到正常状态。确定、部署并维护这种综合全方位的控制措施是组织实施信息安全管理的重要组成部分。通常，组织需要从安全方针、信息安全组织、资产管理、人力资源安全、物理和环境安全、通信和操作管理、访问控制、信息系统获取开发和维护、信息安全事件管理、业务连续性管理和符合性 11 个方面，综合考虑部署合理的控制措施。

④应急响应与灾难恢复。部署信息安全控制措施的目的之一是防止发生信息安全事件，但由于信息系统内部固有的脆弱性和外在的各种威胁，很难杜绝信息安全事件的发生。所以，应及时有效地响应与处理信息安全事件，尽可能降低事件损失，避免事件升级，确保在组织能够承受的时间范围内恢复信息系统和业务的运营。应急响应工作管理过程包括准备、检测、遏制、根除、恢复和跟踪总结 6 个阶段。信息系统灾难恢复管理过程包括灾难恢复需求分析、灾难恢复策略制定、灾难恢复策略实现及灾难恢复预案制定与管理 4 个步骤。应急响应与灾难恢复关系到一个组织的生存与发展。

⑤网络安全等级保护。网络安全等级保护是我国信息安全管理的一项基本制度。它将信息系统按其重要程度以及受到破坏后对相应客体(即公民、法人和其他组织的)合法权益、社会秩序、公共利益和国家安全侵害的严重程度，将信息系统由低到高分为 5 级。每一保护级别的信息系统需要满足本级的基本安全要求，落实相关安全措施，以获得相应级别的安全保护能力，对抗各类安全威胁。信息安全等级保护的实施包括系统定级、备案、安全建设和整改、等级测评、监督检查 5 个阶段。

3. 信息安全工程

规范的信息安全工程过程包括发掘信息保护需要、定义信息系统安全要求、设计系统安全体系结构、开发详细安全设计和实现系统安全5个阶段及相应活动，同时还包括对每个阶段过程信息保护有效性的评估。

信息系统安全工程（Information System Security Engineering, ISSE）是一种信息安全工程方法，它从信息系统工程生命周期的全过程来考虑安全性，以确保最终交付的工程的安全性。

系统安全工程能力成熟度模型（Systems Security Engineering Capability Maturity Model, SSE-CMM）描述了一个组织的系统安全工程过程必须包含的基本特征，这些特征是完善的安全工程保证，也是系统安全工程实施的度量标准，同时还是一个易于理解的评估系统安全工程实施的框架。应用SSE-CMM可以度量和改进工程组织的信息安全工程能力。

信息安全工程监理，是信息安全工程实施过程中一种常见的保障机制。

4. 信息安全人员

在信息安全保障诸要素中，人是最关键也是最活跃的要素。网络攻防对抗，最终较量的是攻防双方人员的能力。组织机构应通过以下几方面的努力，建立一个完整的信息安全人才体系。

对所有员工进行信息安全保障意识教育，诸如采取内部培训、在组织机构网站上发布相关信息等方式，增强所有员工的安全意识；对信息系统应用岗位的员工，进行信息安全保障基本技能培训；对信息安全专业人员，应通过对信息安全保障、管理、技术、工程，以及信息安全法规、政策与标准等知识的学习，全面掌握信息安全的基本理论、技术和方法，丰富的信息安全经验需要通过该岗位的长期工作积累获得；信息安全研发人员，除了需要具备信息安全基本技能外，还应培训其安全研发相关知识，包括软件安全需求分析、安全设计原则、安全编码、安全测试等内容；信息安全审计人员，则需要通过培训使其掌握信息安全审计方法、信息安全审计的规划与组织、信息安全审计实务等内容。

第四节　网络安全保障架构

一、网络安全整体保障体系

计算机网络安全的整体保障作用，主要体现在整个系统生命周期对风险进行整体的管理、应对和控制。网络安全整体保障体系如图 2–3 所示。

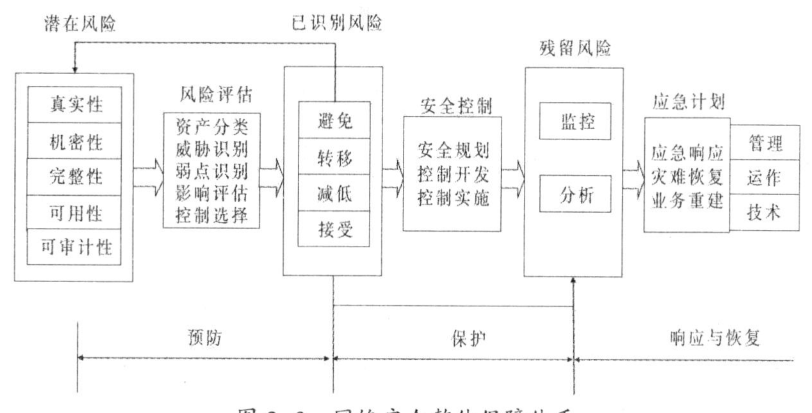

图 2–3　网络安全整体保障体系

网络系统安全风险评估是一个识别、控制、降低或消除可能影响系统安全风险的过程。是明确安全现状、规划安全工作、制订安全策略，并形成安全解决方案的基础，通过对网络系统的风险评估可以掌控各种潜在风险，并制定出相应的应对措施和应急预案。通过安全控制极大地降低风险，并对残留风险进行及时监控和分析，应急预案及计划可在突发事件发生时做出应急响应和灾难恢复，以确保网络系统及业务数据的安全。

网络安全保障关键要素包括四个方面：网络安全策略、网络安全管理、网络安全技术和网络安全运作，如图 2-4 所示。网络安全策略包括网络安全的战略、政策和标准；网络安全管理是指机构的管理行为，主要包括安全意识、组织结构和审计监督；网络安全技术是网络系统的行为，包括安全服务和安全基础设施；网络安全运作是日常管理的行为，包括运作流程和对象管理。

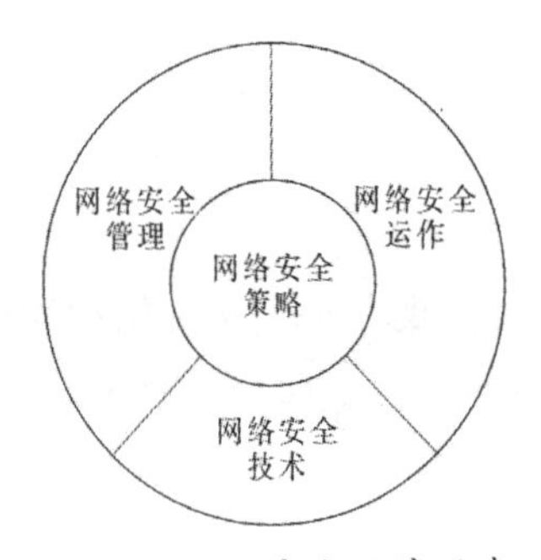

图 2-4 网络安全保障因素

图 2-5 P2DR 模型示意图

在企业管理机制下，需要通过运作机制借助技术手段才能实现网络安全。网络安全运作是在日常工作中，执行网络安全管理和网络安全技术手段，“七分管理，三分技术，运作贯穿始终”，管理是关键，技术是保障，其中的管理应包括管理技术。

与美国 ISS 公司提出的动态网络安全体系的代表模型的雏形 P2DR 类似。该模型包含 4 个主要部分：Policy（安全策略）、Protection（防护）、Detection（检测）和 Response（响应）。P2DR 模型如图 2-5 所示。是在整体的安全策略的控制和指导下，在综合运用防护工具（如防火墙、操作系统、身份认证、加密等）的同时，利用检测工具（如漏洞评估、入侵检测等），掌握并评估系统的安全状态，通过恰当运作及响应将系统调整到“最安全”

和“风险最低”的状态。防护、检测和响应组成了一个完整动态的安全循环，在安全策略的控制和指导下保证信息系统的安全，而此模型忽略了其内在的变化因素。

二、网络安全保障体系框架结构

面对网络系统的各种威胁和风险，以往针对单方面具体的安全隐患，所提出的具体解决方案具有一定的局限性，应对的措施也难免顾此失彼。面对新的网络环境和威胁，需要建立一个以深度防御为特点的网络信息安全保障体系。

网络安全保障体系框架结构如图 2–6 所示。对于网络安全保障体系的外围是法律法规、标准的符合性和风险管理。

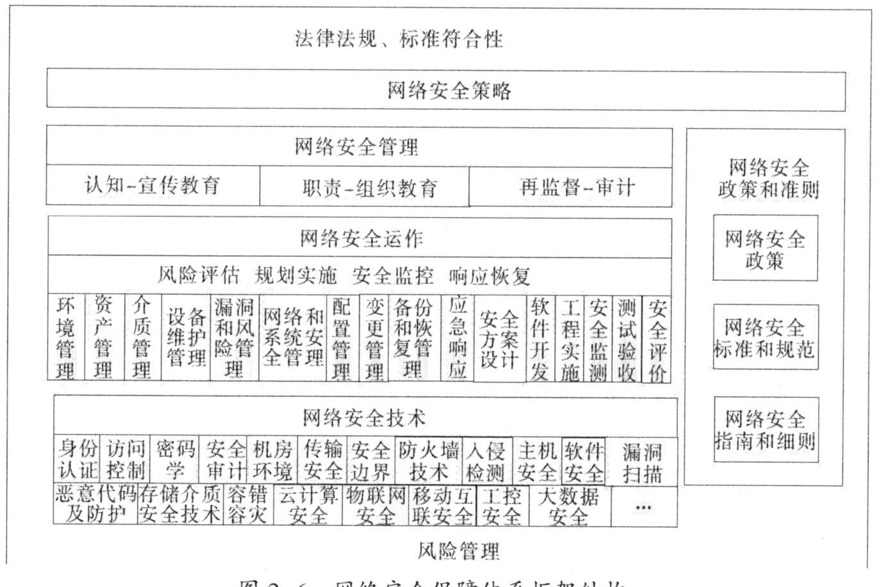

图 2–6　网络安全保障体系框架结构

风险管理是指在对风险的可能性和不确定性等因素进行收集、分析、评估、预测的基础上，制定的识别、衡量、积极应对、有效处置风险及妥善处理风险等一整套系统而科学的管理方法，以避免和减少风险损失。网络安全管理的本质是对信息安全风险的动态有效管理和控制。风险管理是企业运营管理的核心，风险分为信用风险、市场风险和操作风险，其中包括信息安全风险。

实际上，在网络信息安全保障体系框架中，充分体现了风险管理的理念。网络安全保障体系架构包括五个部分：

（1）网络安全策略

以风险管理为核心理念，从长远发展规划和战略角度通盘考虑网络建设安全。此项处于整个体系架构的上层，起到总体的战略性和方向性指导的作用。

（2）网络安全政策和标准

网络安全政策和标准是对网络安全策略的逐层细化和落实，包括管理、运作和技术三个不同层面，在每一层面都有相应的安全政策和标准，通过落实标准政策规范管理、运作和技术，以保证其统一性和规范性。当三者发生变化时，相应的安全政策和标准也需要调整相互适应，反之，安全政策和标准也会影响管理、运作和技术。

（3）网络安全运作

网络安全运作基于风险管理理念的日常运作模式及其概念性流程（风险评估、安全控制规划和实施、安全监控及响应恢复）。是网络安全保障体系的核心，贯穿网络安全始终；也是网络安全管理机制和技术机制在日常运作中的实现，涉及运作流程和运作管理。

（4）网络安全管理

网络安全管理是体系框架的上层基础，对网络安全运作至关重要，从人员、意识、职责等方面保证网络安全运作的顺利进行。网络安全通过运作体系实现，而网络安全管理体系是从人员组织的角度保证正常运作，网络安全技术体系是从技术的角度保证运作。

（5）网络安全技术

网络安全运作需要网络安全基础服务和基础设施的及时支持。先进完善的网络安全技术可以极大提高网络安全运作的有效性，从而达到网络安全保障体系的目标，实现整个生命周期（预防、保护、检测、响应与恢复）的风险防范和控制。

第五节　网络安全生命周期

在网络安全合规管理（法律法规、标准符合性、风险管理、等级保护、安全审计）的支撑下，网络安全生命周期贯穿网络安全规划、网络安全建设、网络安全运维、网络安全应急各个阶段，保障信息、信息系统、信息基础设施和网络不因无意的、偶然的或恶意的原因而遭受到破坏、更改、泄露、泛用，以确保其保密性、完整性、可用性。

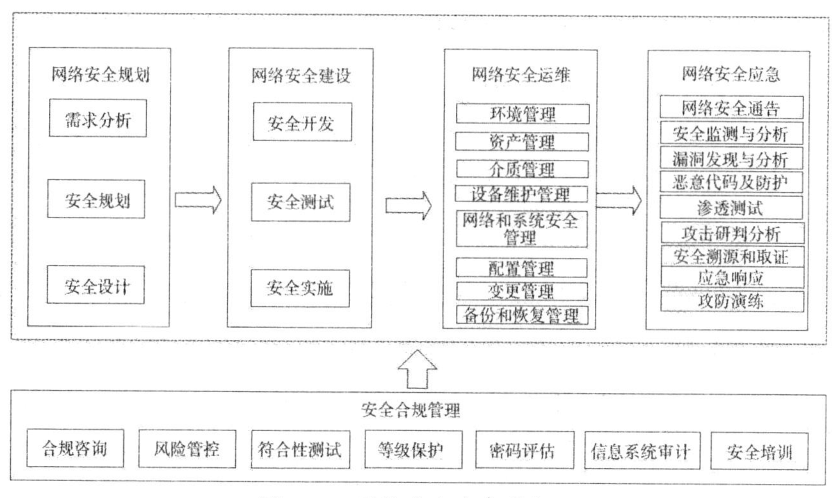

图 2-7　网络安全生命周期

安全合规管理贯穿整个网络安全生命周期，是指依据相关法律法规、标准要求，结合实际安全需求，提供安全合规咨询，进行风险分析，提供解决方案，进行合规监管、风险管控及安全评估。主要包括：安全合规咨询、风险管控、符合性测试、网络安全等级保护、商用密码应用安全性评估、信息系统审计和安全培训等。

网络安全规划是整个网络安全生命周期的基础环节，是指根据产品和业务安全需求，从整体上规划和设计网络系统的安全保障体系。主要包括：安全需求分析、安全战略规划及安全架构设计。

网络安全建设是整个网络安全生命周期的关键环节，主要是指根据安全区需求进行安全开发、测试和实施。主要包括：安全产品开发、安全基础测试和安全现场实施等。

网络安全运维是整个网络安全生命周期的重要环节，是指在信息、信息系统、信息基础设施和网络交付使用以后，以安全框架为基础，以安全策略为指导，依托成熟的运维管理体系，配备安全运维人员和工具，以有效和高效的技术手段，对保障信息、信息系统、信息基础设施和网络进行运行监测和安全维护，以确保其安全。主要包括：环境管理、资产管理、介质管理、设备维护管理、网络和系统安全管理、配置管理、变更管理、备份和恢复管理等。

网络安全应急是整个网络安全生命周期的重要保障，是指通过安全通告、安全监测、漏洞分析、防御技术等，识别、分析、处置信息、信息系统、信息基础设施和网络存在的安全威胁，收集网络安全情报，并进行安全分析，主动通过渗透攻击和攻防演练等方式评估安全防御措施的有效性，持续完善安全防御措施，并在安全事件发生时快速完成应急响应。主要包括：网络安全通告、安全监测与分析、漏洞发现与分析、恶意代码及防护、渗透测试、攻击研判分析、安全溯源和取证、应急响应和攻防演练等。

第三章　网络安全法律法规

网络安全法律法规是国家网络安全保障体系的重要组成部分。目前我国已经颁布了《中华人民共和国网络安全法》 《中华人民共和国密码法》 《中华人民共和国数据安全法》 《中华人民共和国个人信息保护法》等上位法，以及《关键信息基础设施安全保护条例》《网络安全审查办法》《互联网信息服务管理办法（修订草案征求意见稿）》等多部目的明确、条文细致的下位法和配套法律、法规、条例、指导意见等，共同组成了我国网络安全法律法规体系。我国网络安全法律体系的进一步完善，有效促进了网络安全领域的技术创新和应用落地，为筑牢国家网络安全屏障、推进网络强国建设提供了有力支撑。

第一节　网络安全主要法律

一、中华人民共和国网络安全法

《中华人民共和国网络安全法》（简称《网络安全法》）由中华人民共和国第十二届全国人民代表大会常务委员会第二十四次会议于 2016 年 11 月 7 日通过，由中华人民共和国第五十三号主席令颁布，自 2017 年 6 月 1 日起施行，共七章七十九条。

1. 立法定位

《网络安全法》的宗旨是为了保障网络安全，维护网络空间主权和国家安全、社会公共利益，保护公民、法人和其他组织的合法权益，促进经济社会信息化健康发展。（第一条）

《网络安全法》是网络安全管理的基础性“保障法”。该法是网络安全管理的法律；该法是基础性法律；该法是安全保障法；是我国网络空间法制建设的重要里程碑，是依法治网、化解网络风险的法律重器，是让互联网在法制轨道上健康运行的重要保障。作为网络安全领域的首部基础性法律，《网络安全法》已经预留了诸多配套制度的接口，有待相关配套法规的进一步细化方可落地。自颁布以来，中央网信办等部门已在积极推进相关配套法规的研究和制定工作，其中部分已经向社会公布了相应的草案，有的则已经正式出台、生效。

《网络安全法》与《国家安全法》《反恐怖主义法》《刑法》《保密法》《治安管理处罚法》《关于加强网络信息保护的决定》《关于维护互联网安全的决定》《计算机信息系统安全保护条例》《互联网信息服务管理办法》等法律法规共同组成我国网络安全管理的法律体系。因此，需做好网络安全法与不同法律之间的衔接，在网络安全管理之外的领域也应尽量减少立法交叉与重复。

基础性法律的功能更多注重的不是解决问题，而是为问题的解决提供具体指导思路，问题的解决要依靠相配套的法律法规，这样的定位决定了不可避免会出现法律表述上的原则性，相关主体只能判断出网络安全管理对相关问题的解决思路，具体的解决办法有待进一步观察。

面对网络空间安全的综合复杂性，特别是国家关键信息基础设施面临日益严重的传统安全与非传统安全的“极端”威胁，网络空间安全风险“不可逆”的特征进一步凸显。在开放、交互和跨界的网络环境中，实时性能力和态势感知能力成为新的网络安全核心内容。

2. 立法架构

《网络安全法》集“防御、控制与惩治”三位于一体。为实现基础性法律的“保障”功能，网络安全法需确立“防御、控制与惩治”三位一体的立法架构，以“防御和控制”性的法律规范替代传统单纯“惩治”性的刑事法律规范，从多方主体参与综合治理的层面，明确各方主体在预警与监测、网络安全事件的应急与响应、控制与恢复等环节中的过程控制要求，防御、控制、合理分配安全风险，惩治网络空间违法犯罪和恐怖活动。法律界定了国家、企业、行业组织和个人等主体在网络安全保护方面的责任，设专章规定了国家网络安全监测预警、信息通报和应急制度，明确规定“国家采取措施，监测、防御、处置来源于中华人民共和国境内外的网络安全风险和威胁，保护关键信息基础设施免受攻击、入侵、干扰和破坏，依法惩治网络违法犯罪活动，维护网络空间安全和秩序”，已开始摆脱传统上将风险预防寄托于事后惩治的立法理念，构建兼具防御、控制与惩治功能的立法架构。

3. 适用范围

第二条　在中华人民共和国境内建设、运营、维护和使用网络，以及网络安全的监督管理，适用本法。

第七十七条　存储、处理涉及国家秘密信息的网络的运行安全保护，除应当遵守本法外，还应当遵守保密法律、行政法规的规定。

第七十八条　军事网络的安全保护，由中央军事委员会另行规定。

4. 法律亮点

（1）明确了网络空间主权的原则

网络主权是国家主权在网络空间的体现和延伸，网络主权原则是我国维护国家安全和利益，参与网络国际治理与合作所坚持的重要原则。

（2）明确了网络产品和服务提供者的安全义务

义务包括：不得设置恶意程序；发现产品、服务存在安全缺陷、漏洞等风险，应立即采取补救措施，并及时告知用户；应当为其产品、服务持续提供安全维护服务。

（3）明确了网络运营者的安全义务

将现行的网络安全等级保护制度上升为法律，要求网络运营者按照网络安全等级保护制度的要求，采取相应的管理措施和技术防范措施，履行相应的网络安全保护义务。

（4）进一步完善了个人信息保护规则

加强对公民个人信息的保护，防止公民个人信息数据被非法获取、泄露或者非法使用，明确了公民具有个人信息的删除权和更改权。

（5）建立了关键基础设施安全保护制度

要求网络运营者（关键基础设施运营者）采取数据分类、重要数据备份和加密等措施，防止网络数据被窃取或篡改；明确年度评估检测、应急预案和安全演练等相关要求。

（6）确立了重要数据跨境传输的规则

要求关键信息基础设施的运营者在境内存储公民个人信息等重要数据；确需在境外存储或者向境外提供的，应当按照规定进行安全评估。

5. 总体框架

本法总体框架共 7 章 79 条，网上有全文，简短但内容很丰富，其中三、四、五三章是我们从事网络安全人员应该重点掌握的。

总则部分：明确了立法的目的、适用的范围、基本原则和保障目标，明确了安全工作的管理架构、网络各相关主体（如政府部门、网络运营者、行业组织、公民法人等）安全保护的义务。

网络安全支持与促进部分：明确了国家应建立和完善网络安全标准体系、鼓励和加大网络安全产业项目投入、支持安全技术研究、人才培养、产品和服务创新、知识产权保护等。

网络运行安全部分：着重明确了网络安全等级保护制度和关键基础设施运行安全的要求，详细明确了网络运营者、关键基础设施运营者、安全防护产品和服务的提供者、网络安全管理部门所要履行的安全保护义务和职责，明确个人和组织所受法律框架的约束。

网络信息安全部分：重点关注用户信息保护，明确网络运营者在收集、使用、处置用户信息时所要遵循的要求，明确了个人具有个人信息的删除权和更改权、明确监管部门所要履行的保密义务。

监测预警与应急处置部分：明确国家及关键信息基础设施安全保护部门，应承担建立健全网络安全监测预警和通报制度、建立网络安全风险评估和应急工作机制，制定应急预案定期组织演练的职责；明确安全事件处置中网络运营者所要承担的义务，明确重大突发事件过程中政府可采取通信管制的权力。

法律责任部分：针对性明确了网络运营者、关键基础设施的运营者、安全产品和服务的提供者、电子信息发送服务提供者、应用软件下载服务提供者、政府相关部门、境内外组织或个人存在违反相应法律条款所应受到的惩罚。

附则部分：对网络安全、网络运营者、网络数据和个人信息等进行了明确的定义，明确了本法适用中的注意事项。

二、中华人民共和国密码法

《中华人民共和国密码法》（简称《密码法》）由中华人民共和国第十三届全国人民代表大会常务委员会第十四次会议于 2019 年 10 月 26 日通过，由中华人民共和国第三十五号主席令颁布，自 2020 年 1 月 1 日起施行，共五章四十四条。

1. 立法定位

《中华人民共和国密码法》是为了规范密码应用和管理，促进密码事业发展，保障网络与信息安全，维护国家安全和社会公共利益，保护公民、法人和其他组织的合法权益，制定的法律。是中国密码领域的综合性、基础性法律。

2. 重要意义

（1）构建国家安全法律制度体系的重要举措

制定和实施《密码法》对于深入贯彻和实施习近平总书记关于密码重

要工作指示批示精神，全面提升密码工作的法制化和现代化水平，更好发挥密码在维护国家安全、促进社会经济发展、保护人民群众利益方面具有重要作用，意义十分重大。党的十八届四中全会提出，贯彻落实总体国家安全观，加快国家安全法治建设，构建国家安全法律制度体系。密码工作直接关系国家政治安全、经济安全、国防安全和信息安全。党中央高度重视密码立法工作，将《密码法》作为国家安全法律制度体系的重要组成部分，强调要在国家安全法治建设的大盘子中研究制定《密码法》，把党对密码工作的最新要求通过法定程序转化为国家意志。制定和实施《密码法》，填补了我国密码领域长期存在的法律空白，对于加快密码法治建设，理顺国家安全领域相关法律法规关系，完善国家安全法律制度体系具有重要意义。

（2）维护国家网络空间主权安全的重要举措

当今世界，网络信息技术日新月异，网络安全已经成为影响经济发展、社会长治久安和人民群众福祉的重大战略问题。网络空间安全的重要性不言而予。密码是目前世界上公认的，保障网络与信息安全最有效、最可靠、最经济的关键核心技术。在信息化高度发展的今天，密码的应用已经渗透到社会生产生活各个方面，从涉及政权安全的保密通信、军事指挥，到涉及国民经济的金融交易、防伪税控，再到涉及公民权益的电子支付、网上办事等等，密码都在背后发挥着基础支撑作用。制定和实施《密码法》，就是要把密码应用和管理的基本制度及时上升为法律规范，把重要领域的密码应用，包括基础能力提升，商用密码的检测认证、密评，国家安全审查等一系列制度及时上升为法律规范，引导全社会合规、正确、有效地使用密码，规范网络空间密码安全保障工作，推动构建以密码技术为核心、多种技术交叉融合的网络空间新安全体制，努力做到党和国家战略推进到哪里，密码就保障到哪里。

（3）推动密码事业高质量发展的重要举措

我们党的密码工作诞生于烽火硝烟的 1930 年 1 月，是毛泽东、周恩来等老一辈无产阶级革命家亲自领导创建的，已经走过了百年的光辉历程。革命战争年代，党中央通过密码通信这一重要渠道运筹帷幄、决胜千里。仅在指挥三大战役期间，毛泽东同志就亲自起草密码电报 197 份，批签密码电报上千份。电影《永不消逝的电波》中李侠的人物原型——中共上海地下党员李白，以及被誉为“龙潭三杰”之一的钱壮飞等革命烈士都是密码战线的优秀代表。党的十八大以来，在以习近平同志为核心的党中央坚强领导下，在中央密码工作领导小组领导指挥下，密码事业取得历史性成就，实现历史性变革。制定和实施《密码法》，就是要适应新的形势发展需要，推进密码领域职能转变和“放管服”改革，建立健全密码法治实施、监督、保障体系，规范密码产业秩序，提升密码自主创新水平和供给能力，为密码事业又好又快发展提供制度保障。

3. 立法目的

密码是国家重要战略资源，密码工作是党和国家的一项特殊重要工作，直接关系国家安全，在我国革命、建设、改革各个历史时期，都发挥了不可替代的重要作用。进入新时代，密码工作面临着许多新的机遇和挑战，担负着更加繁重的保障和管理任务，制定一部密码领域综合性、基础性法律十分必要。保障网络与信息安全，维护国家安全和社会公共利益，保护公民、法人和其他组织的合法权益。

第一条　为了规范密码应用和管理，促进密码事业发展，保障网络与信息安全，维护国家安全和社会公共利益，保护公民、法人和其他组织的合法权益，制定本法。（立法目的）

4. 基本原则

（1）坚持党管密码和依法管理相统一

《密码法》立法坚持党管密码和依法管理相统一，着眼我国国家安全新形势和密码广泛应用新挑战的时代需求，为构建与国家治理体系和治理能力现代化相适应的密码法律制度体系奠定了重要基础，为确保密码使用优质高效、确保密码管理安全可靠提供了坚实的法治保障。党管密码才能保证密码管理沿着正确的方向不偏离、不走样。依法管理才能确保党对密码工作的大政方针落地生根，有效实施。《密码法》的颁布实施，将有力提升密码工作的科学化、规范化、法治化水平，极大促进密码技术进步、产业发展和规范应用，切实维护国家安全、社会公共利益以及公民、法人和其他组织的合法权益。

（2）坚持创新发展和确保安全相统一

安全是发展的基础，发展是安全的保障。鼓励密码科技进步和创新，充分调度各方面积极性，保护密码领域知识产权，实施密码工作表彰奖励，促进密码产业发展。

（3）坚持简政放权和加强监管相统一

习近平总书记在十九大报告中强调支出，要深化机构改革和行政体制改革，转变政府智能，深化简政放权，创新监管方式。

5. 总体框架

本法总体框架共5章44条，网上有全文，简短但内容很丰富。

总则部分：明确了立法的目的、密码概念、工作原则、密码工作的领导体制、四级管理体制、分管理、一般性规定、密码科技进步、人才队伍建设、工作表彰奖励、密码安全教育、密码工作规划和经费预算、禁止犯罪等。

核心密码和普通密码：明确了核心密码和普通密码管理原则、使用制度、安全管理制度、监督检查制度和工作保证制度。

商用密码：明确了商用密码管理原则、商用密码标准体系、商用密码国际标准化、商用密码标准法律效力、商用密码检测认证体系、商用密码市场准入管理、关键信息基础设施商用密码使用要求、商用密码进出口管理、政务活动管理、商用密码行业协会以及商用密码事中事后监管。

法律责任部分：明确了从事密码违法活动的法律责任、核心密码、普通密码使用违法法律责任、核心密码、普通密码泄密等安全问题的法律责任、商用面检测、认证违法的法律责任、商用密码产品、服务市场准入违法的法律责任、关键信息基础设施运营者违反本法的法律责任、工作人员法律责任、刑事民事责任。

附则部分：对国家密码管理部门的责任等进行了明确定义，明确本法适用中的注意事项。

三、中华人民共和国数据安全法

《中华人民共和国数据安全法》（简称《数据安全法》）由中华人民共和国第十三届全国人民代表大会常务委员会第二十九次会议于 2021 年 6 月 10 日通过，由中华人民共和国第八十四号主席令颁布，自 2021 年 9 月 1 日起施行，共七章五十五条。

1. 立法定位

《数据安全法》是为了规范数据处理活动，保障数据安全，促进数据开发利用，保护个人、组织的合法权益，维护国家主权、安全和发展利益制定的法律。本法将数据安全工作建立在国家整体安全层面，《网络安全法》作为我国网络安全工作的基本法，《数据安全法》作为数据领域的基本法，两个法律都是基本法，不存在谁大谁小，《数据安全法》与《网络安全法》相辅相成，实现最终数据安全保障能力。

2. 立法目的

第一，该法是安全保障法。该法以公权介入数据安全保护，提供认识数据安全问题、处理数据安全威胁和风险的法律路线。具体来说，以其对数据、数据活动、数据安全的界定为出发点，厘清不同面向的数据安全风险，构建数据安全保护管理全面、系统的制度框架，以战略、制度、措施等来构建国家预防、控制和消除数据安全威胁和风险的能力，确立国家行为的正当性，提升国家整体数据安全保障能力。

第二，该法是基础性法律。基础性立法的功能更多注重的不是解决问题，而是为问题的解决提供具体指导思路，问题的解决要依靠相配套的法律法规。这也决定了其法律表述上的原则性和大量宣示性条款。但与此同时，预设好相关接口、整体立法语言的表述粒度均衡等也应特别注意。

第三，该法是数据安全管理的法律。数据安全作为网络安全的重要组成部分，诸多安全制度可被网络安全制度所涵盖。在数据安全管理上，与《网络安全法》充分协调，避免制度设计交叉与重复带来的立法资源浪费、监管重复与真空、产业负担是《数据安全法》制定过程中需重点关注的问题。

3. 适用范围

中华人民共和国境内开展数据处理活动及其安全监管，同时也明确域外损害我国国家安全、公共利益或公民、组织合法权益同样适用于本法。

另外，和 GDPR 一样，对于境外的数据处理活动，只要是和国家安全、公共利益或公民、组织合法权益有关系的数据，就有无限延伸权利。

4. 总体框架

本法总体框架共 7 章 55 条，网上有全文，简短但内容很丰富。

总则部分：明确了保护目标、适用范围、数据和数据安全的定义、立法定位、国家层面上数据安全的责任人、各个层面数据安全的监管职责、个人及组织如何合理使用数据、开展数据处理活动的前提、数据安全全面参与、行业应该积极参与数据安全的保护工作、国家应该积极参与国际数据安全的交流与合作以及投诉的渠道和相关处理等。

数据安全与发展：明确了数据安全与产业发展的关系、大数据战略的应用、数据在公共服务中的应用、指引数据安全生态的发展、促进数据安全的标准建立、指导数据安全的评估和认证、指导征信市场的规范性、指导数据安全人才的培养等。

数据安全制度：明确了指导数据的分级分类保护，指导数据国家层面的风险管理工作，指导数据安全事件的应急处置工作，指导数据安全事件国家级别的安全审查工作，说明国际合作的数据方面的出口要求，说明国际合作数据方面贸易摩擦的处理方式。

数据安全保护义务：明确了数据处理活动首先要通过管理制度进行安全保障、说明数据处理活动和新技术的前提是为人民造福、所有的数据处理活动都需要加强风险管理、重要数据应该有加强的风险评估活动、数据出境的安全管理、数据收集不允许用非法方式进行收集和使用、征信行业数据必须可溯源，可审计、数据处理服务必须有相关牌照、国家暴力机关可以授权获取各类数据、国内数据不允许在国家未授权的情况下提供给外国暴力机关。

政务数据安全与开放：明确了未来将大力推行智慧电子政务服务，更好地为民众造福、国家机关会对数据进行合理使用，并进行保密、保障政务数据安全、电子政务数据的保存方责任、电子政务数据的公示原则、电子政务开放的前提、电子政务其他使用单位一样受本章约束。

法律责任部分：明确了数据处理风险的整改责任、未履行数据保护的追责、对境外提供重要数据的后果、数据征信行业机构未合法获取数据的后果、配合国家暴力机关调取数据的后果、未对数据安全进行保护的国家机关责任人的后果、未对数据安全进行有效监管的后果、扰乱正当数据处理的后果、给他人造成损害的后果。

附则部分：明确国家秘密数据的执行守则以及军事数据安全不属于本法管辖。

四、中华人民共和国个人信息保护法

《中华人民共和国个人信息保护法》（简称《个人信息保护法》）由中华人民共和国第十三届全国人民代表大会常务委员会第三十次会议于2021年8月20日通过，由中华人民共和国第九十一号主席令颁布，自2021年11月1日起施行，共八章七十四条。

1. 立法定位

个人信息保护已经迅速成为一项独立的法律制度，有独立的法律渊源、程序设计、制度配置、执法机制、交流平台等，甚至已经形成一个专门的复合型知识结构的职业共同体和不同于传统的隐私权保护的话语体系。

个人信息保护作为一项独立的法律制度，主要体现在如下几个方面：

（1）保护客体的特殊性

个人信息保护的客体是个人信息，而个人信息的范围非常广，通常包括任何已识别或者可识别特定个人的信息，范围远远大于个人不愿为人所知、披露后会导致社会评价降低的私密信息（隐私）。个人信息保护法保护的客体并不是所有的个人信息，而是数据控制者以自动方式处理的个人信息。界定保护客体有两个重要条件，一是数据控制者，二是处理活动，保护的是数据控制者在数据处理活动中涉及的个人信息。不属于数据控制者的数据处理活动中的个人信息，不属于保护客体。

（2）义务主体的特殊性

《个人信息保护法》作为个人信息保护领域的基础性法律，在沿用《网络安全法》监管思路的基础上，扩大了个人信息本地化存储的义务主体范围。即关键信息基础设施运营者和处理个人信息达到国家网信部门规定数量的个人信息处理者，应当将在中华人民共和国境内收集和产生的个人信息存储在境内。确需向境外提供的，应当通过国家网信部门组织的安全评估；法律、行政法规和国家网信部门规定可以不进行安全评估的，从其规定。

（3）权利性质的特殊性

《个人信息保护法》直接写明了自然人关于个人信息的十多项民事权利。由此，个人信息由最初公法保护为主，发展成私法保护为常态、为主要手段的态势，这是公民社会权利本位的觉醒和体现。

2. 立法目的

第一条　为了保护个人信息权益，规范个人信息处理活动，促进个人信息合理利用，根据宪法，制定本法。（立法目的）

3. 适用范围

第三条　在中华人民共和国境内处理自然人个人信息的活动，适用本法。

在中华人民共和国境外处理中华人民共和国境内自然人个人信息的活动，有下列情形之一的，也适用本法：

（一）以向境内自然人提供产品或者服务为目的；

（二）分析、评估境内自然人的行为；

（三）法律、行政法规规定的其他情形。（适用范围）

4. 总体框架

本法总体框架共 8 章 74 条，网上有全文，简短但内容很丰富。

总则部分：明确了立法目的、适用范围、遵循原则、禁止活动、环境构建和国际合作等。

个人信息处理规则：明确了个人信息处理规则前提条件、个人信息保存期以最短必要为原则、六大场景下个人信息处理规定、“敏感个人信息”处理规则、国家机关处理个人信息规定。

个人信息跨境提供的规则：明确了个人信息跨境提供的规定、国际层面合作与竞争。

个人在个人信息处理活动中的权利：明确个人在个人信息处理活动中的权利（知情权、决定权、查阅复制权、转移权、更正补充权、删除权、要求解释权、代行使权）。

个人信息处理中的义务：明确了个人信息处理者的义务说明、信息处理者义务执行、大型互联网平台义务、协助义务。

履行个人信息保护职责的部门：明确了职责部门责任架构、责任范围、工作说明及履职措施。

法律责任部分：明确了行政责任、民事责任和刑事责任。

附则部分：明确本法不适用范围及术语解释。

第二节　网络安全政策法规

1. 《中华人民共和国计算机信息系统安全保护条例》

《中华人民共和国计算机信息系统安全保护条例》是为保护计算机信息系统的安全，促进计算机的应用和发展，保障社会主义现代化建设的顺利进行而制定的行政法规。

2. 《国家信息化领导小组关于加强信息系统安全保障工作的意见》（〔2003〕27号）

《国家信息化领导小组关于加强信息安全保障工作的意见》（〔2003〕27 号），简称“27 号文”，它的诞生标志着我国信息安全保障工作有了总体纲领，其中提出要在 5 年内建设中国信息安全保障体系。包括：加强信息安全保障工作的总体要求和主要原则、实行信息安全等级保护、加强以密码技术为基础的信息保护和网络信任体系建设、建设和完善信息安全监控体系、重视信息安全应急处理工作、加强信息安全技术研究开发，推进信息安全产业发展、加强信息安全法制建设和标准化建设、加快信息安全人才培养，增强全民信息安全意识、保证信息安全资金、加强对信息安全保障工作的领导，建立健全信息安全管理责任制。

3. 《关于信息安全等级保护工作的实施意见》（公通字〔2004〕66 号）

《关于信息安全等级保护工作的实施意见》（公通字〔2004〕66号）明确实施等级保护的基本做法。内容包括：开展信息安全等级保护工作的重要意义、信息安全等级保护制度的原则、信息安全等级保护制度的基本内容、信息安全等级保护工作职责分工、实施信息安全等级保护工作的要求、信息安全等级保护工作实施计划。

4. 《信息安全等级保护管理办法》(公通字〔2007〕43 号)

《信息安全等级保护管理办法》(公通字〔2007〕43 号)规范了信息安全等级保护的管理，提高信息安全保障能力和水平，维护国家安全、社会稳定和公共利益，保障和促进信息化建设。内容包括：总则、等级划分与保护、等级保护的实施与管理、涉密信息系统的分级保护管理、信息安全等级保护的密码管理、法律责任、附则。

5. 《关于加强国家电子政务工程建设项目信息安全风险评估工作的通知》（发改高技〔2008〕2071号文）

《关于加强国家电子政务工程建设项目信息安全风险评估工作的通知》（发改高技〔2008〕2071号文）首次对我国电子政务工程建设项目的信息安全风险评估工作做了明确的要求。该《通知》用最直接的方式，明确了我国电子政务工程建设项目的信息安全风险评估工作的具体要求，解决了前期一直困扰电子政务工程建设项目单位关于信息安全风险评估的问题。

6. 《国务院关于大力推进信息化发展和切实保障信息安全的若干意见》（国发〔2012〕23号）

《国务院关于大力推进信息化发展和切实保障信息安全的若干意见》（国发〔2012〕23号）明确了未来我国信息化发展和信息安全的指导思想和主要目标；提出了实施“宽带中国”工程，推动信息化和工业化深度融合，加快社会领域信息化，推进农业农村信息化。

7. 习近平在中央网络安全与信息化领导小组第一次会议上的讲话

2014年2月27日，习近平主持召开中央网络安全和信息化领导小组第一次会议并发表重要讲话。他强调，网络安全和信息化是事关国家安全和国家发展、事关广大人民群众工作生活的重大战略问题，要从国际国内大势出发，总体布局，统筹各方，创新发展，努力把我国建设成为网络强国。

8. 《2014年综治工作（平安建设）考核评价实施细则》（中综办〔2014〕16号）

中央综治办印发《2014年综治工作（平安建设）考核评价实施细则》（中

综办〔2014〕16号），将“信息安全保障工作”纳入对政府的考核。

9.《关于加强社会治安防控体系建设的意见》

2015年4月13日，中国政府网公布中共中央办公厅、国务院办公厅印发的《关于加强社会治安防控体系建设的意见》。该《意见》内容包括加强社会治安防控体系建设的指导思想和目标任务、加强社会治安防控网建设、提高社会治安防控体系建设科技水平、完善社会治安防控运行机制、运用法治思维和法治方式推进社会治安防控体系建设、建立健全社会治安防控体系建设工作格局共6部分21条。

10.《关于加强智慧城市网络安全管理工作的若干意见》

2015年，公安部会同国家发展和改革委员会、工业和信息化部、国家互联网信息办公室印发了《关于加强智慧城市网络安全管理工作的若干意见》，组织开展“智慧城市”网络安全建设、管理和评价工作。

11.《关于加强国家网络安全标准化工作的若干意见》

2016年8月24日，中央网信办、国家质检总局、国家标准委近日联合印发《关于加强国家网络安全标准化工作的若干意见》，对构建我国网络安全标准体系做出部署。

12.《公共互联网网络安全突发事件应急预案》

2017年11月23日，工业和信息化部印发《公共互联网网络安全突发事件应急预案》。要求部应急办和各省（自治区、直辖市）通信管理局应当及时汇总分析突发事件隐患和预警信息，发布预警信息时，应当包括预警级别、起始时间、可能的影响范围和造成的危害、应采取的防范措施、时限要求和发布机关等，并公布咨询电话。《预案》指出，公共互联网网络安全突发事件发生后，事发单位在按照本预案规定立即向电信主管部门报告的同时，应当立即启动本单位应急预案，组织本单位应急队伍和工作人员采取应急处置措施，尽最大努力恢复网络和系统运行，尽可能减少对用户和社会的影响，同时注意保存网络攻击、网络入侵或网络病毒的证据。

13. 《个人信息出境安全评估办法（征求意见稿）》

2019 年 6 月 13 日，国家互联网信息办公室发布《个人信息出境安全评估办法（征求意见稿）》，作为《中华人民共和国网络安全法》的下位法，该评估办法全文共二十二条，明确了个人信息出境申报评估要求、重点评估内容、个人信息出境记录、出境合同内容及权利义务要求、安全风险及安全保障措施分析报告等要求。

14. 《数据安全管理办法（征求意见稿）》

2019年5月28日，国家互联网信息办公室发布了《数据安全管理办法（征求意见稿）》（简称《办法》），办法效力高于《信息安全技术个人信息安全规范》（简称《规范》）、《互联网个人信息安全保护指南》（简称《指南》），《规范》与《指南》本身没有强制约束力，而《办法》相当于部门规章（部级立法），在全国范围内具有强制约束力，如果办法与地方性法规（地方人大立法）冲突的话，终极裁决权在全国人大常委会手中。

15. 《云计算服务安全评估办法》（2019 第 2 号）

2019 年 7 月 2 日，为提高党政机关、关键信息基础设施运营者采购使用云计算服务的安全可控水平，国家互联网信息办公室、国家发展和改革委员会、工业和信息化部、财政部制定了《云计算服务安全评估办法》。

目的是为了提高党政机关、关键信息基础设施运营者采购使用云计算服务的安全可控水平，降低采购使用云计算服务带来的网络安全风险，增强党政机关、关键信息基础设施运营者将业务及数据向云服务平台迁移的信心。

16. 《App 违法违规收集使用个人信息行为认定方法》

2019 年 11 月 28 日，国家互联网信息办公室、工业和信息化部、公安部、市场监管总局联合制定了《App 违法违规收集使用个人信息行为认定方法》，该办法为认定 App 违法违规收集使用个人信息行为提供参考。

17. 《关键信息基础设施保护条例》

2021 年 4 月 27 日，经国务院第 133 次常务会议通过，2021 年 7 月 30 日，国务院总理李克强签署中华人民共和国国务院令第 745 号，公布《关键信息基础设施安全保护条例》，自 2021 年 9 月 1 日起施行。《关键信息基础设施安全保护条例》开启了我国关键信息基础设施安全保护的新时代。其颁布实施既是落实《网络安全法》要求，是构建国家关键信息基础设施安全保护体系的顶层设计和重要举措，更是保障国家安全、社会稳定和经济发展的现实需要。

18. 《网络安全审查办法》

《网络安全审查办法》经 2021 年 11 月 16 日国家互联网信息办公室 2021 年第 20 次室务会议审议通过，并经国家发展和改革委员会、工业和信息化部、公安部、国家安全部、财政部、商务部、中国人民银行、国家市场监督管理总局、国家广播电视总局、中国证券监督管理委员会、国家保密局、国家密码管理局同意，并予公布，自 2022 年 2 月 15 日起施行。该办法是为了确保关键信息基础设施供应链安全，保障网络安全和数据安全，维护国家安全。

19. 《网络产品安全漏洞管理规定》

《网络产品安全漏洞管理规定》2021 年 7 月 12 日由工业和信息化部、国家互联网信息办公室、公安部三部门联合印发，自 2021 年 9 月 1 日起施行。该规定规范网络产品安全漏洞发现、报告、修补和发布等行为，防范网络安全风险。

第三节 网络安全标准体系

1. 《计算机信息系统安全保护等级划分准则》（GB 17859—1999）

1999 年 9 月 13 日，由国家公安部提出并组织制定，国家质量技术监督局发布了《计算机信息系统安全保护等级划分准则》，并定于 2001 年 1 月 1 日实施其中把计算机信息安全划分为了 5 个等级。第一级：用户自主保护级；第二级：系统审计保护级；第三级：安全标记保护级；第四级：结构化保护级；第五级：访问验证保护级。

2. 《信息安全技术 网络安全等级保护定级指南》（GB/T 22240—2020）

本标准给出了非涉及国家秘密的等级保护对象的安全保护等级定级方法和定级流程；适用于指导网络运营者开展非涉及国家秘密的等级保护对象的定级工作。内容包括：标准的适用范围、术语和定义、定级原理及流程、确定定级对象、确定安全保护等级、等级变更。

3. 《信息安全技术 网络安全等级保护基本要求》（GB/T 22239—2019）

本标准规定了网络安全等级保护的第一级到第四级等级保护对象的安全通用要求和安全扩展要求。适用于指导分等级的非涉密对象的安全建设和监督管理。

4. 《信息安全技术 网络安全等级保护测评要求》（GB/T 28448—2019）

本标准规定了不同级别的等级保护对象的安全测评通用要求和安全测评扩展要求。本标准适用于安全测评服务机构，等级保护对象的运营使用单位及主管部门对等级保护对象的安全状况进行安全测评并提供指南，也适用于网络安全职能部门进行网络安全等级保护监督检查时参考使用。

5. 《信息安全技术 网络安全等级保护测评过程指南》（GB/T 28449—2019）

本标准规范了网络安全等级保护测评（以下简称“等级测评”）的工作过程，规定了测评活动及其工作任务。本标准适用于测评机构、定级对象的主管部门及运营使用单位开展网络安全等级保护测试评价工作。

6. 《信息安全技术 信息系统密码应用基本要求》（GB/T 39786—2021）

本标准规定了信息系统第一级到第四级的密码应用的基本要求，从信息系统的物理和环境安全、网络和通信安全、设备和计算安全、应用和数据安全四个技术层面提出了第一级到第四级的密码应用技术要求，并从管理制度、人员管理、建设运行和应急处置四个方面提出了第一级到第四级的密码应用管理要求。本标准适用于指导、规范信息系统密码应用的规划、建设、运行及测评。在本标准的基础之上，各领域与行业可结合本领域与行业的密码应用需求来指导、规范信息系统密码应用。

7. 《信息系统密码应用测评要求》（GM/T 0115—2021）

本标准规定了信息系统不同等级密码应用的测评要求，从密码算法和密码技术合规性、密钥管理安全性方面，提出了第一级到第五级的密码应用通用测评要求；从信息系统的物理和环境安全、网络和通信安全、设备和计算安全、应用和数据安全等四个技术层面提出了第一级到第四级密码应用技术的测评要求；从管理制度、人员管理、建设运行和应急处置等四个管理方面提出了第一级到第四级密码应用管理的测评要求。本标准适用于指导、规范信息系统密码应用在规划、建设、运行环节的商用密码应用安全性评估工作。

8. 《信息系统密码应用测评过程指南》（GM/T 0116—2021）

本标准规定了信息系统密码应用的测评过程，规范了测评活动及其工作任务。本标准适用于商用密码应用安全性评估机构、信息系统责任单位开展密码应用安全性评估工作。

9. 《信息安全技术　信息安全风险评估规范》（GB/T 20984—2007）

本标准提出了风险评估的基本概念、要素关系、分析原理、实施流程和评估方法，以及风险评估在信息系统生命周期不同阶段的实施要点和工作形式。本标准适用于规范组织开展的风险评估工作。

10. 《信息安全技术　信息安全风险评估实施指南》（GB/T 31509—2015）

本标准规定了信息安全风险评估实施的过程和方法。本标准适用于各类安全评估机构或被评估组织对非涉密信息系统的信息安全风险评估项目的管理，指导风险评估项目的组织、实施、验收等工作。

11.《信息安全技术 信息安全风险管理指南》（GB/Z 24364—2009）

本指导性技术文件规定了信息安全风险管理的内容和过程，为信息系统生命周期不同阶段的信息安全风险管理提供指导。本指导性技术文件适用于指导组织进行信息安全风险管理工作。

12.《信息安全技术 大数据服务安全能力要求》（GB/T 35274—2017）

本标准规定了大数据服务提供者应具有的组织相关基础安全能力和数据生命周期相关的数据服务安全能力。本标准适用于对政府部门和企事业单位建设大数据服务安全能力，也适用于第三方机构对大数据服务提供者的大数据服务安全能力进行审查和评估。

13.《信息安全技术 大数据安全管理指南》（GB/T 37973—2019）

本标准提出了大数据安全管理基本原则，规定了大数据安全需求、数据分类分级、大数据活动的安全要求、评估大数据安全风险。本标准适用于各类组织进行数据安全管理，也可供第三方评估机构参考。

14.《信息安全技术 个人信息安全规范》（GB/T 35273—2017）

本标准规范了开展收集、保存、使用、共享、转让、公开披露等个人信息处理活动应遵循的原则和安全要求。本标准适用于规范各类组织个人信息处理活动，也适用于主管监管部门、第三方评估机构等组织对个人信息处理活动进行监督、管理和评估。

第四章　网络安全合规管理

网络安全合规有助于提升法律政策、标准符合性以及基于安全基线的安全控制措施有效性。组织对于本单位的网络安全合规，是基于网络安全范围、网络安全目标开展的，在此过程中可以借助网络安全等级测评、信息安全风险评估、商用密码应用安全性评估、信息系统审计进行网络安全评价，明确现有风险以及不断递进的整改措施，把残余风险控制在安全条件之下。同时通过网络安全培训，按照法律法规、政策标准的符合性要求，进一步提升安全技术和安全管理，通过网络安全合规管理确保满足组织的业务需要。

第一节　网络安全等级测评

网络安全等级测评（合规测评）是国家强制要求的，信息系统运营、使用单位或者其主管部门，必须在系统建设、改造完成后，选择具备资质测评机构，依据网络安全合规性要求，对信息系统是否合规进行检测和评估的活动。网络安全合规测评具有强制性和周期性（定期检测），是国家信息安全部门督促合规性要求落地实施、保障信息安全的重要手段。

一、网络安全等级测评的主要内容

1. 单元测评

单元测评从安全管理制度、安全管理机构、安全人员管理、安全建设管理、安全运维管理、安全物理环境、安全通信网络、安全区域边界、安全计算环境、安全管理中心、安全扩展等层面，测评《信息安全保护技术 网络安全等级保护基本要求》（GB/T 22239—2019）所要求的基本安全控制在信息系统中的实施配置情况。

2. 整体测评

整体测评主要测评分析信息系统的整体安全性。需要从信息系统整体上是否能够对抗相应等级威胁的角度，对单元测评中的不符合项和部分符合项进行综合分析，分析这些不符合项或部分符合项是否会影响到信息系统整体安全保护能力的缺失。在内容上主要包括安全控制点间的测评、层面间测评和区域间测评等，是在单元测评基础上进行的进一步测评分析。

二、网络安全等级测评的重要作用

1. 网络安全等级测评是落实网络安全等级保护制度的重要环节

在信息系统建设、整改时，信息系统运营、使用单位通过等级测评进行现状分析，确定系统的安全保护现状和存在的安全问题，并在此基础上确定系统的整改安全需求。信息系统定级是整个等级保护工作的开始，等级保护基本要求是对不同等级信息系统实行等级保护的基础。客户可以基于定级指南对信息系统定级，基于等级保护基本要求实施保护措施，从而有效落实国家有关等级保护的制度要求和文件精神。

2. 等级测评报告的作用

等级测评报告是信息系统开展整改加固的重要指导性文件，也是信息系统备案的重要附件材料。等级测评结论为信息系统未达到相应等级的基本安全保护能力的，运营、使用单位应当根据等级测评报告，制定方案进行整改，尽快达到相应等级的安全保护能力。

3. 等级测评使整个组织规范一致地开展等级评定工作

等级测评基于客户的组织架构、运作模式等特点，制定网络安全等级保护定级指南，明确在组织内开展等级评定工作的原则、方法和流程，从而使得客户的等级评定工作能够在整个组织范围内一致地开展。

4. 确保突出重点保护对象并进行适度保护

网络安全等级保护基本要求明确了不同等级信息系统的技术要求和管理要求，基于网络安全等级保护基本要求，等级测评可使客户在符合国家法律法规要求的前提下，针对不同等级信息系统采取相应等级的保护措施，从而确保重点突出、适度保护，节省IT投资。

5. 等级测评提高内部人员的信息安全意识

等级测评过程中，第三方咨询专家将与被服务单位人员密切合作。通过与被服务单位人员有针对性的交流以及精心设计的调查问卷等，被服务单位的管理、业务、技术等人员将逐步提高对网络安全合规的认识，强化信息安全意识，杜绝违规操作。

通过等级测评可指导用户在各个层面上综合采取多种保护措施，保护通信网络和安全域边界、基础设施、计算环境的安全，进行安全管理中心等支撑性安全设施的建设。

三、网络安全等级测评的操作流程

要充分发挥等级测评对信息安全的保障作用，就要按照科学的流程和方法进行操作。等级测评机构根据等级测评的相关要求将等级测评过程分为四个基本测评活动：测评准备活动、方案编制活动、现场测评活动、分析及报告编制活动。而测评双方之间的沟通与洽谈应贯穿整个等级测评过程。具体过程如下：

1. 测评准备活动

本活动是开展等级测评工作的前提和基础，是整个等级测评过程有效性的保证。测评准备工作是否充分直接关系到后续工作能否顺利开展。本活动的主要任务是掌握被测系统的详细情况，准备测试工具，为编制测评方案做好准备。

2. 方案编制活动

本活动是开展等级测评工作的关键活动，为现场测评提供最基本的文档和指导方案。本活动的主要任务是确定与被测信息系统相适应的测评对象、测评指标及测评内容等，并根据需要重用或开发测评指导书，形成测评方案。

3. 现场测评活动

本活动是开展等级测评工作的核心活动。本活动的主要任务是按照测评方案的总体要求，严格执行测评指导书，分步实施所有测评项目，包括单元测评和整体测评两个方面，以了解系统的真实保护情况，获取足够证据，发现系统存在的安全问题。

单元测评包括：

①安全物理环境测评：包括物理位置选择、物理访问控制、防盗窃和防破坏、防雷击、防火、防水和防潮、防静电、温湿度控制、电力供应、电磁防护等内容。

②安全通信网络测评：包括网络架构、通信传输、可信验证等内容。

③安全区域边界测评：包括边界防护、访问控制、入侵防范、恶意代码和垃圾邮件防范、安全审计、可信验证等内容。

④安全计算环境测评：包括身份鉴别、访问控制、安全审计、入侵防范、恶意代码防范、可信验证、数据完整性、数据保密性、数据备份恢复、剩余信息保护、个人信息保护等内容。

⑤安全管理中心测评：包括系统管理、审计管理、安全管理、集中管

控等内容。

⑥安全管理制度测评：包括安全策略、管理制度、制定和发布、评审和修订等内容。

⑦安全管理机构测评：包括岗位设置、人员配备、授权和审批、沟通和合作、审核和检查等内容。

⑧安全管理人员测评：包括人员录用、人员离岗、安全意识教育和培训、外部人员访问管理等内容。

⑨安全建设管理测评：包括定级和备案、安全方案设计、产品采购和使用、自行软件开发、外包软件开发、工程实施、测试验收、系统交付、等级测评、服务供应商管理等内容。

⑩安全运维管理测评：包括环境管理、资产管理、介质管理、设备维护管理、漏洞和风险管理、网络和系统安全管理、恶意代码防范管理、配置管理、密码管理、变更管理、备份与恢复管理、安全事件处置、应急预案管理、外包运维管理等内容。

另外，如果系统涉及云平台、大数据、物联网、工控、互联网app等方面，还要针对系统的扩展项进行测评。

4. 分析与报告编制活动

本活动是给出等级测评工作结果的活动，是总结被测系统整体安全保护能力的综合评价活动。本活动的主要任务是根据现场测评结果和《网络安全等级保护基本要求》的有关要求，通过单项测评结果判定、单元测评结果判定、整体测评和风险分析等方法，找出整个系统的安全保护现状与相应等级的保护要求之间的差距，并分析这些差距导致被测系统面临的风险，综合评价被测信息系统保护状况，从而给出等级测评结论，形成测评报告。

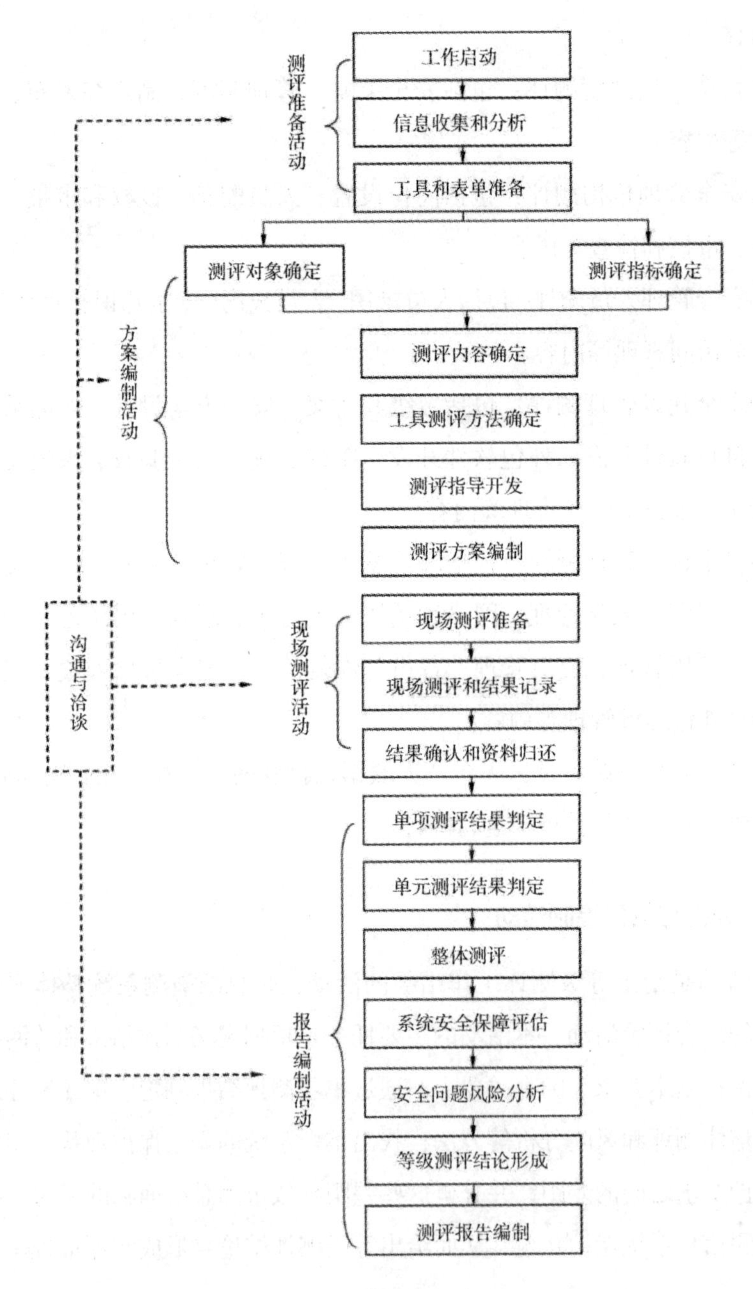
测评准备活动
工作启动
信息收集和分析
工具和表单准备
测评对象确定
测评指标确定
方案编制活动
测评内容确定
工具测评方法确定
测评指导开发
测评方案编制
沟通与洽谈
现场测评活动
现场测评准备
现场测评和结果记录
结果确认和资料归还
报告编制活动
单项测评结果判定
单元测评结果判定
整体测评
系统安全保障评估
安全问题风险分析
等级测评结论形成
测评报告编制

图 4-1 等级测评过程

四、网络安全等级测评的关键点

确定了等级测评的具体流程，就为开展测评工作奠定了坚实基础，但是还要关注在具体环节上关键要素，它们对测评工作的成效高低具有重大影响。

1. 等级测评的方法和强度

等级测评的基本方法一般包括访谈、核查和测试等三种。

访谈是测评人员通过与被测评单位的相关人员进行交谈和问询，了解被测信息系统安全技术和安全管理方面的相关信息，以对测评内容进行确认。

核查是测评人员通过简单比较或使用专业知识分析的方式获得测评证据的方法，包括文档审查、实地查看、配置核查等方法。

测试是指测评人员根据作业指导书通过使用相关技术工具对信息系统进行验证测评的方法，包括基于网络探测和主机审计的漏洞扫描、渗透性测试、功能测试、入侵检测和协议分析等。

等级测评机构应当根据被测信息系统的实际情况选取适合的测评强度。测评强度可以通过测评的深度和广度来描述。访谈的深度体现在访谈过程的严格和详细程度，广度体现在访谈人员的构成和数量上；核查的深度体现在核查过程的严格和详细程度，广度体现在检查对象的种类（文档、机制等）和数量上；测试的深度体现在执行的测试类型上（基于网络探测和主机审计的漏洞扫描、渗透性测试、功能测试、入侵检测和协议分析），广度体现在测试使用的机制种类和数量上。

2. 等级测评对象

测评对象是在被测信息系统中实现特定测评指标所对应的安全功能的

具体系统组件。正确选择测评对象的种类和数量是整个等级测评工作能够获取足够证据、了解到被测系统的真实安全保护状况的重要保证。

测评对象一般采用抽查信息系统中具有代表性组件的方法确定。在测评对象确定中应兼顾工作投入与结果产出两者的平衡关系。

五、网络安全等级测评的指标

开展等级测评活动应从《信息系统安全等级保护基本要求》（GB/T 22239—2019）中选择相应等级的安全要求作为基本测评指标。

①第二级信息系统等级测评指标，除按照《网络安全等级保护基本要求》所规定的安全物理环境、安全通信网络、安全区域边界、安全计算环境、安全管理中心、安全管理制度、安全管理机构、安全管理人员、安全建设管理、安全运维管理的68项通用要求以及扩展要求作为基础测评指标以外，还应参照《信息系统通用技术要求》中的83个控制点、《信息系统安全管理要求》中的70个控制点、《信息系统安全工程管理要求》中的51个控制点以及行业测评标准所规定的其他控制点，结合不同的定级结果组合情况进行确定。

②第三级信息系统等级测评指标确定，除按照《网络安全等级保护基本要求》所规定的安全物理环境、安全通信网络、安全区域边界、安全计算环境、安全管理中心、安全管理制度、安全管理机构、安全管理人员、安全建设管理、安全运维管理的71项通用要求以及扩展要求作为测评指标以外，还应参照《信息系统通用技术要求》中的109个控制点、《信息系统安全管理要求》中的104个控制点、《信息系统安全工程管理要求》中的42个控制点以及行业测评标准所规定的其他控制点，结合不同的定级结果组合情况进行确定。

③第四级信息系统等级测评指标确定，除按照《网络安全等级保护基

本要求》所规定的安全物理环境、安全通信网络、安全区域边界、安全计算环境、安全管理中心、安全管理制度、安全管理机构、安全管理人员、安全建设管理、安全运维管理的71项通用要求以及扩展要求作为测评指标以外，还应参照《信息系统通用技术要求》中的120个控制点、《信息系统安全管理要求》中的104个控制点、《信息系统安全工程管理要求》中的35个控制点以及行业测评标准所规定的其他控制点，结合不同的定级结果组合情况进行确定。

④对于由多个不同等级的信息系统组成的被测系统，应分别确定各个定级对象的测评指标。如果多个定级对象共用物理环境或管理体系，而且测评指标不能分开，则不能分开的测评指标应采用就高原则。

第二节　信息安全风险评估

一、信息安全风险评估的主要内容

信息安全风险评估是从风险管理角度，运用科学的方法和手段，系统地分析组织中信息系统所面临的威胁及其存在的脆弱性，评估安全事件一旦发生可能造成的危害程度，提出有针对性的抵御威胁的防护策略和整改措施，为防范和化解信息安全风险，将风险控制在可接受的程度，为网络安全防护提供科学依据。主要包括：资产识别和分析、威胁识别和分析、脆弱性识别和分析、安全措施识别和分析、综合风险分析。

1. 资产识别和分析

对信息系统业务及其关键资产进行识别，需要详细识别核心资产的安全属性，分析关键资产在遭受泄密、中断、损害等破坏时对系统所承载的业务系统所产生的影响。

2. 威胁识别和分析

通过威胁调查、取样等手段识别被评估信息系统面临的威胁源及其威胁所采用的威胁方法，并重点分析威胁的能力和动机。

3. 脆弱性识别和分析

识别信息系统所处的物理环境即机房、线路、客户端的支撑设施等基础环境的脆弱性。对信息系统的设计方案、安全解决方案等进行静态分析，识别体系结构中存在的脆弱性。采用安全扫描方式识别评估范围内的网络设备、操作系统和关键软件的技术脆弱性。采用手动检查、问卷调查、人工问询等方式识别评估范围内的网络设备、操作系统和关键软件的技术脆弱性。识别信息系统的策略、组织架构、企业人员、安全控制、资产分类与控制、系统接入控制、网络与系统管理、业务可持续性发展计划、应用开发与维护等安全管理方面的脆弱性。分析信息系统及其关键资产所存在的各方面脆弱性即基础环境脆弱性、体系结构脆弱性、技术脆弱性、安全管理脆弱性，并根据脆弱性被利用的难易程度和被利用成功后产生的影响进行分析。

4. 安全措施识别和分析

通过问卷调查、人工检查等方式识别被评估信息系统对抗风险的防护措施，对其有效性进行分析，分析其安全措施对防范威胁、降低脆弱性的有效性。

5. 综合风险分析

分析信息系统及其关键资产将面临哪一方面的威胁，以及威胁利用了系统的何种脆弱性，对哪一类资产产生了什么样的影响，并描述采取何种对策来防范威胁，减少脆弱性，同时将风险量化。

二、信息安全风险评估的重要作用

通过对组织进行信息安全风险评估，发现组织信息系统存在的安全风险，提出组织信息系统安全整改建议并实施系统加固整改，增强组织信息系统安全防范的有效性，确保组织信息系统的全生命周期安全性。

三、信息安全风险评估的操作流程

1. 启动准备阶段

确定风险评估的范围，确定风险评估的目标，建立适当的组织结构，建立系统性的风险评估方法，获得管理者对风险评估策划的授权，制定工作计划及应急计划，进行工具准备。

2. 现场阶段

对系统信息资产进行识别，包括威胁识别、脆弱性识别、已有安全措施确认。

①信息资产识别

对系统的信息资产按照软件、硬件、信息、服务、人员类别进行识别。并对资产按照机密性、完整性、可用性进行识别。

②威胁识别

在威胁评估过程中，首先就要对系统需要保护的每一项关键资产进行威胁识别。在威胁识别过程中，应根据资产所处的环境条件和资产以前遭受威胁损害的情况来判断。

③脆弱性识别

脆弱性评估包括脆弱性识别和赋值两个步骤，是发现与分析系统中存在可被威胁利用缺陷的过程。

④已有安全措施确认

在本阶段，对采取的控制措施进行识别并对控制措施的有效性进行确认，将有效的安全控制措施继续保持，以避免不必要的工作和费用，防止控制措施的重复实施。

3. 风险分析阶段

①残余风险分析

残余风险分析将根据识别阶段对资产、脆弱性、威胁识别的结果，结合现有安全控制措施分析的结果，确定信息系统的残余风险；然后结合残余风险对业务影响性的分析，确定残余风险的处置计划并给出合理的风险处置建议。

②综合风险分析

选定某项资产，评估资产价值，挖掘并评估资产面临的威胁，挖掘并评估资产存在的脆弱性，评估该资产的风险，进而得出整个评估目标的风险。

4. 安全建议及整改阶段

对本次风险评估的主要目标，依照安全威胁评估中获得的阶段性结果和《风险评估报告》，生成《风险评估安全整改方案》。

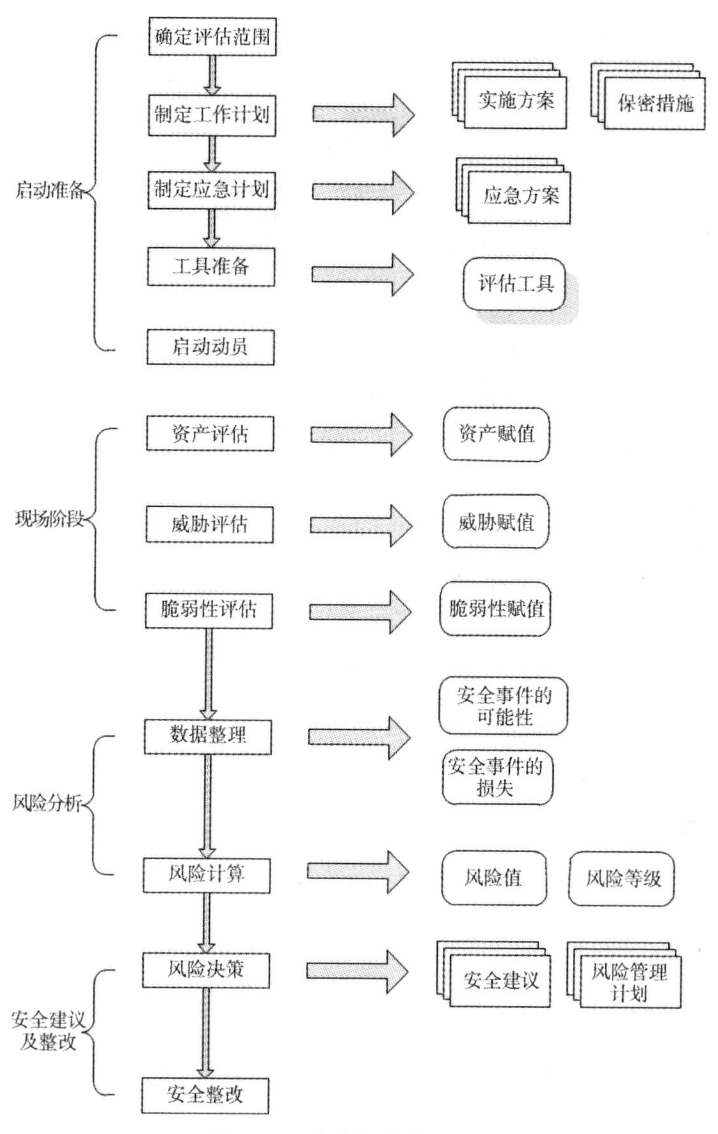

图 4-2 风险评估过程

四、信息安全风险评估的关键点

为了确切、真实地反映信息系统现状，在风险评估过程中使用到的方法有顾问访谈、工具扫描、专家经验分析、实地勘察、渗透测试、策略审查6种，如图4–3所示：

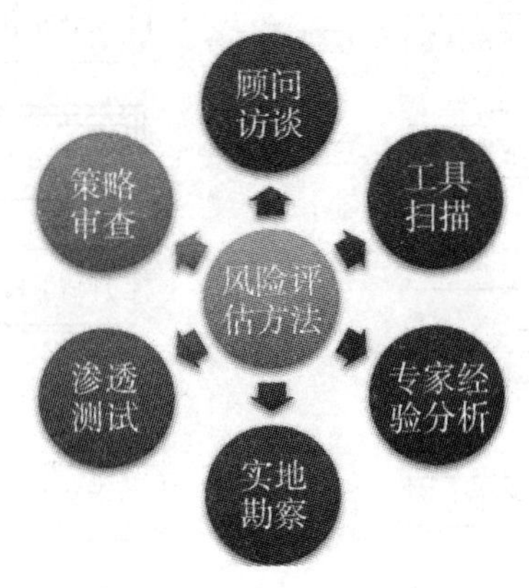

图4–3 风险评估方法

1. 工具扫描

利用扫描工具针对授权进行评估的信息系统进行大范围的自动化漏洞扫描,可以初步掌握这些信息系统载体的脆弱性分布情况。主要扫描内容有:

◎服务与端口开放情况

◎枚举账号/组

◎检测弱口令

◎各种系统、服务和协议漏洞

……

2. 专家经验分析

采用人工方式对工具扫描的结果进行验证和分析，并且进一步检查某些无法利用工具扫描的对象，主要审查内容有：

◎网络拓扑结构

◎网络设备

◎主机系统

◎审计日志

◎服务配置

◎进程与端口关联

◎目录与文件权限

◎后门与木马

◎信任关系

◎专用业务与应用系统

◎底层通讯安全性分析

◎本地文件加密存储方式

◎后台登录过程安全性分析

◎安全功能和安全功能保证分析

◎系统平台安全性分析

……

3. 实地勘察

实地勘察是对信息系统所在机房的物理位置、机房访问控制、机房防盗窃、防破坏、防雷击、防火灾、防水和防潮、防静电、温湿度控制、电力供应、电磁防护等方面进行实地勘察，以评价相关措施的有效性和合理性。

4. 渗透测试

渗透测试是由安全专家模拟黑客攻击行为通过远程或本地对信息系统进行非破坏性的入侵测试。渗透测试可以发现逻辑性更强、更深层次的漏洞，并直观反映漏洞的潜在危害，使运维单位更加真实地了解到信息系统的安全性状况。渗透测试的方法有：

◎信息收集

◎漏洞扫描

◎远程溢出攻击测试

◎口令破解

◎ SQL 注入攻击测试

◎逻辑验证攻击测试

◎本地权限提升测试

◎嗅探监听

……

另可根据客户的要求，针对某些特殊主机进行高强度的安全测试。

5. 策略审查

利用专家经验，采用人工方式对企业现有的信息安全策略进行全面的审查，主要审查内容有：

◎信息安全保障体系

◎安全管理制度

◎安全产品部署与配置

◎人员教育与培训

◎应急预案与业务连续性保障

……

6. 顾问访谈

通过一套审计问题列表问答的形式对企业信息资产所有人和管理人员进行访谈，访谈的内容依照 IS027001 国际标准分为 11 大方面：

◎安全政策

◎安全组织

◎资产分类和控制

◎个人安全

◎物理和环境安全

◎通讯和操作管理

◎访问控制

◎系统开发和维护

◎业务连续性管理

◎信息安全事件处理

◎法律遵循

五、信息安全风险评估的风险分析

1. 风险计算原理

GB/T 20984—2007《信息安全风险评估规范》给出信息安全风险分析思路。

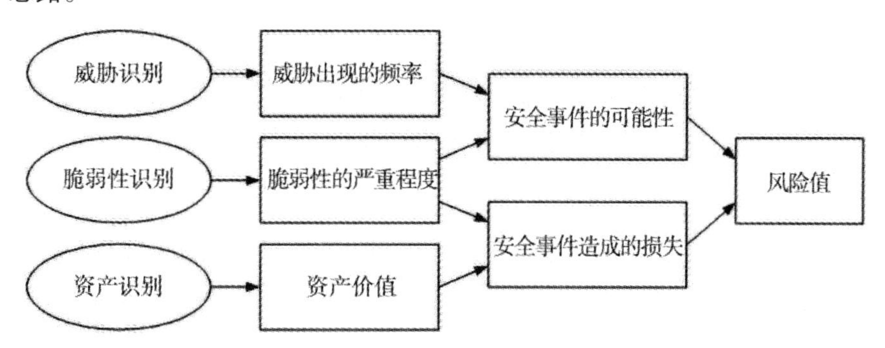

图 4-4　风险计算过程

风险值 = R（A，T，V）= R（L（T，V），F（I_a，V_a））

R 表示安全风险计算函数。

A 表示资产。

T 表示威胁。

V 表示脆弱性。

I_a 表示安全事件所作用的资产价值

V_a 表示脆弱性严重程度

L 表示威胁利用资产的脆弱性导致安全事件的可能性

F 表示安全事件发生后造成的损失

①计算安全事件发生的可能性：

安全事件的可能性 =L（威胁出现频率，脆弱性）= L（T，V）

②计算安全事件发生后造成的损失：

安全事件造成的损失 =F（资产价值，脆弱性严重程度）= F（I_a，V_a）

③计算风险值：

风险值 =R（安全事件的可能性，安全事件造成的损失）= R（L（T，V），F（I_a，V_a））

2. 风险结果判定

（1）评估风险的等级

评估风险的等级依据《风险计算报告》，根据已经制定的风险分级准则，对所有风险计算结果进行等级处理，形成《风险程度等级列表》。

（2）综合评估风险状况

汇总各项输出文档和《风险程度等级列表》，综合评价风险状况，形成《风险评估报告》。

第三节　商用密码应用安全性评估

一、商用密码应用安全性评估的主要内容

依据《信息安全技术　信息系统密码应用基本要求》（GB/T 39786—2021）开展商用密码应用安全性评估，从总体要求、物理和环境、网络和通信、设备和计算、应用和数据、密钥管理、安全管理等方面开展评估。

二、商用密码应用安全性评估的重要作用

通过对信息系统开展商用密码应用安全性评估工作，明确组织信息系统的安全建设现状，检验信息系统在密码应用方面是否符合国家相关规范和要求，密码技术、密码产品、密码管理等方面是否符合相关标准，找出存在的安全风险，分析安全建设差距，提出安全整改建议，并以此为基础，进一步制定安全建设整改方案，完善保护措施，使该系统满足我国关于密码应用的具体要求，增加信息系统安全的规范性和有效性，提高本单位的安全意识，增强网络的抗攻击能力，保证被测系统正常运转。

三、商用密码应用安全性评估的操作流程

评估过程包括四项基本测评活动：测评准备活动、方案编制活动、现场测评活动、分析与报告编制活动。评估方与受测方之间的沟通与洽谈应

贯穿整个测评过程。未进行密码应用方案评估的，可由责任单位委托密评机构或组织专家进行评估；通过评估的密码应用方案可以作为测评实施的依据。测评过程如图 4-5 所示。

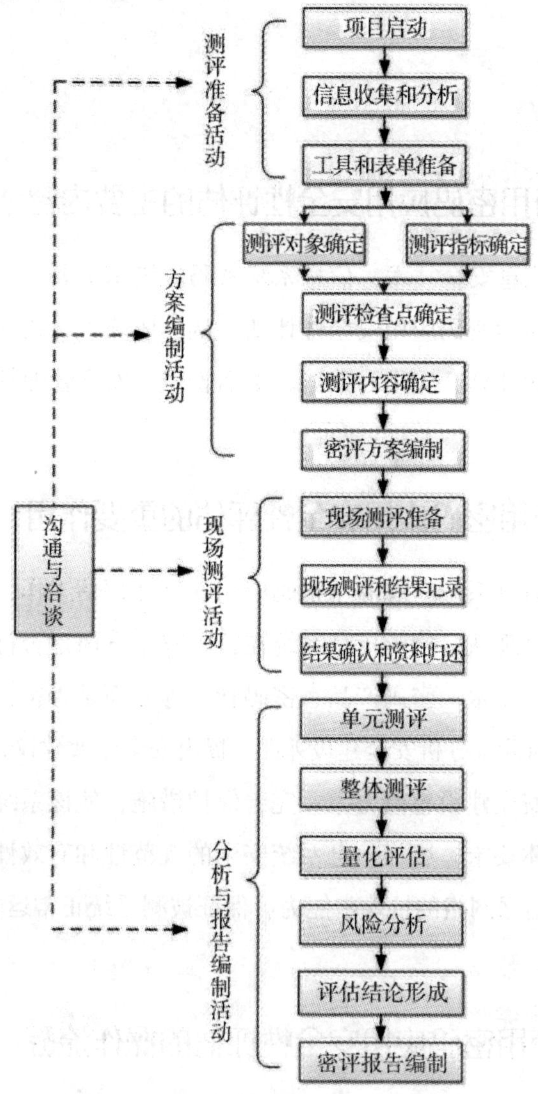

图 4-5　商用密码应用安全性评估过程

1. 测评准备阶段

本活动是开展测评工作的前提和基础，主要任务是掌握被测信息系统的详细情况，准备测评工具，为编制测评方案做好准备。

2. 方案编制阶段

本活动是开展测评工作的关键活动，主要任务是确定与被测信息系统相适应的测评对象、测评指标、测评检查点及测评内容等，形成测评方案，为实施现场测评提供依据。

3. 现场测评阶段

本活动是开展测评工作的核心活动，主要任务是根据测评方案分步实施所有测评项目，以了解被测信息系统真实的密码应用现状，获取足够的证据，发现其存在的密码应用安全性问题。

单元测评包括：

①物理和环境安全：包括身份鉴别、电子门禁记录数据存储完整性、视频监控记录数据存储完整性等内容。

②网络和通信安全：包括身份鉴别、通信数据完整性、通信过程中重要数据的机密性、网络边界访问控制信息的完整性 、安全接入认证等内容。

③设备和计算安全：包括身份鉴别、远程管理通道安全、系统资源访问控制信息完整性、重要信息资源安全标记完整性、日志记录完整性、重要可执行程序完整性、重要可执行程序来源真实性等内容。

④应用和数据安全：包括身份鉴别、访问控制信息完整性、重要信息资源安全标记完整性、重要数据传输机密性、重要数据存储机密性、重要数据传输完整性、重要数据存储完整性、不可否认性等内容。

⑤管理制度：具备密码应用安全管理制度、密钥管理规则、建立操作规程、定期修订安全管理制度、明确管理制度发布流程、制度执行过程记

录留存等内容。

⑥人员管理：涵盖了解并遵守密码相关法律法规和密码管理制度、建立密码应用岗位责任制度、建立上岗人员培训制度、定期进行安全岗位人员考核、建立关键岗位人员保密制度和调离制度等内容。

⑦建设运行：涵盖制定密码应用方案、制定密钥安全管理策略、制定实施方案、投入运行前进行密码应用安全性评估、定期开展密码应用安全性评估及攻防对抗演习等内容。

⑧应急处置：涵盖应急策略、事件处置、向有关主管部门上报处置情况等内容。

4. 分析与报告编制阶段

本活动是给出测评工作结果的活动，主要任务是根据《信息安全技术 信息系统密码应用基本要求》（GB/T 39786—2021）和《信息系统密码应用测评要求》的有关要求，通过单元测评、整体测评、量化评估和风险分析等方法，找出被测信息系统密码应用的安全保护现状与相应等级的保护要求之间的差距，并分析这些差距可能导致的被测信息系统所面临的风险，从而给出各个测评对象的测评结果和被测信息系统的评估结论，形成密评报告。

四、商用密码应用安全性评估的关键点

密码测评的主要方式有：访谈、检查和测试。

1. 访谈

访谈是指测评人员通过与信息系统有关人员（个人 / 群体）的交流、讨论等活动，获取相关证据，了解信息系统安全保护措施是否落实的一种

方法。在访谈的范围上，应基本覆盖所有的安全相关人员类型，在数量上可以抽样。

2. 检查

检查是指测评人员通过对测评对象进行观察、查验、分析等活动，获取证据以证明信息系统安全等级保护措施是否得以有效实施的一种方法。在检查范围上，应基本覆盖所有的对象种类（设备、文档、机制等），数量上可以抽样。

3. 测试

测试是指测评人员通过对测评对象按照预定的方法 / 工具使其产生特定的响应等活动，查看、分析响应输出结果，获取证据以证明信息系统安全等级保护措施是否得以有效实施的一种方法。在测试范围上，应基本覆盖不同类型的机制，在数量上可以抽样。

测试过程需采用密码专用分析工具对密码算法实现等内容进行深度测试。

五、商用密码应用安全性评估的指标

开展密码评估活动应从《信息系统密码应用基本要求》（GB/T 39786—2021）中选择相应等级的安全要求作为基本测评指标。GB/T 39786—2021 规定了信息系统第一级到第四级的密码应用的基本要求，从信息系统的物理和环境安全、网络和通信安全、设备和计算安全、应用和数据安全四个技术层面提出了第一级到第四级的密码应用技术要求，并从管理制度、人员管理、建设运行和应急处置四个方面提出了第一级到第四级的密码应用管理要求。

信息系统密码应用基本要求划分为四个等级，密码保障能力逐级增强，相应级别的密码保障技术能力及管理能力如下（其中“可”表示可以，“宜”表示推荐、建议，“应”表示要求、应该）：

（一）物理和环境安全

采用密码技术进行物理访问实体鉴别，保证重要区域进入人员身份的真实性（一可/三宜/四应）。

采用密码技术保证电子门禁系统进出记录数据的存储完整性（二可/三宜/四应）。

采用密码技术保证视频监控音像记录数据的存储完整性（三宜/四应）。

以上如采用密码服务，该密码服务应符合法律法规的相关要求，需依法接受检测认证的，应经商用密码认证机构认证合格。

以上采用的密码产品，应达到 GB/T 37092 （二一/三二/四三）级及以上安全要求。

（二）网络和通信安全

采用密码技术对通信实体进行[四：双向]实体鉴别，保证通信实体身份的真实性（一可/二宜/三应）。

采用密码技术保证通信过程中数据的完整性（二可/三宜/四应）。

采用密码技术保证通信过程中重要数据的机密性（一可/二宜/三应）。

采用密码技术保证网络边界访问控制信息的完整性(二可/三宜/四应)。

采用密码技术对从外部连接到内部网络的设备进行接入认证，确保接入的设备身份真实性（三可/四宜）。

以上如采用密码服务，该密码服务应符合法律法规的相关要求，需依法接受检测认证的，应经商用密码认证机构认证合格。

以上采用的密码产品，应达到 GB/T 37092（二一/三二/四三）级及以上安全要求。

（三）设备和计算安全

采用密码技术对登录设备的用户进行实体鉴别，保证用户身份的真实性（一可 / 二宜 / 三应）。

远程管理设备时，应采用密码技术建立安全的信息传输通道（三应 / 四应）。

采用密码技术保证系统资源访问控制信息的完整性（二可/三宜/四应）。

采用密码技术保证设备中的重要信息资源安全标记的完整性（三宜 / 四应）。

采用密码技术保证日志记录的完整性（二可 / 三宜 / 四应）。

采用密码技术对重要可执行程序进行完整性保护，并对其来源进行真实性验证（三宜 / 四应）。

以上如采用密码服务，该密码服务应符合法律法规的相关要求，需依法接受检测认证的，应经商用密码认证机构认证合格。

以上采用的密码产品，应达到 GB/T 37092 （二一 / 三二 / 四三）级及以上安全要求。

（四）应用和数据安全

采用密码技术对登录用户进行实体鉴别，保证应用系统用户身份的真实性（一可 / 二宜 / 三应）。

采用密码技术保证信息系统应用的访问控制信息的完整性（二可 / 三宜 / 四应）。

采用密码技术保证信息系统应用的重要信息资源安全标记的完整性（三宜 / 四应）。

采用密码技术保证信息系统应用的重要数据在传输过程中的机密性（一

可 / 二宜 / 三应）。

采用密码技术保证信息系统应用的重要数据在存储过程中的机密性(一可 / 二宜 / 三应）。

采用密码技术保证信息系统应用的重要数据在传输过程中的完整性(一可 / 三宜 / 四应）。

采用密码技术保证信息系统应用的重要数据在存储过程中的完整性(一可 / 三宜 / 四应）。

在可能涉及法律责任认定的应用中，三宜 / 四应采用密码技术提供数据原发证据和数据接收证据，实现数据原发行为的不可否认性和数据接收行为的不可否认性。

以上如采用密码服务，该密码服务应符合法律法规的相关要求，需依法接受检测认证的，应经商用密码认证机构认证合格。

以上采用的密码产品，应达到 GB/T 37092 （二一 / 三二 / 四三）级及以上安全要求。

（五）管理制度

应具备密码应用安全管理制度，包括密码人员管理、密钥管理、建设运行、应急处置、密码软硬件及介质管理等制度。

应根据密码应用方案建立相应密钥管理规则。

应对管理人员或操作人员执行的日常管理操作建立操作规程（二 +）。

应定期对密码应用安全管理制度和操作规程的合理性和适用性进行论证和审定，对存在不足或需要改进之处进行修订（三 +）；

应明确相关密码应用安全管理制度和操作规程的发布流程并进行版本控制（三 +）。

应具有密码应用操作规程的相关执行记录并妥善保存（三 +）。

（六）人员管理

相关人员应了解并遵守密码相关法律法规、密码应用安全管理制度。

应建立密码应用岗位责任制度，明确各岗位在安全系统中的职责和权限（二+，三级以上进一步细化）。

应建立上岗人员培训制度（二+），对于涉及密码的操作和管理的人员进行专门培训，确保其具备岗位所需专业技能。

应定期对密码应用安全岗位人员进行考核（三+）。

应及时终止离岗人员的所有密码应用相关的访问权限、操作权限（一）。应建立关键人员保密制度和调离制度，签订保密合同，承担保密义务（二+）。

（七）建设运行

应依据密码相关标准和密码应用需求，制定密码应用方案。

应根据密码应用方案，确定系统涉及的密钥种类、体系及其生命周期环节，各环节安全管理要求参照附录B。

应按照密码应用方案实施建设。

投入运行前可进行密码应用安全性评估。评估通过后系统方可正式运行（三+）。

在运行过程中，应严格执行既定的密码应用安全管理制度，应定期开展密码应用安全性评估及攻防对抗演习，并根据评估结果进行整改（三+）。

（八）应急处置

可根据密码产品提供的安全策略，由用户自主处置密码应用安全事件（一）。

应制定密码应用应急策略，做好应急资源准备，当密码应用安全事件发生时，按照应急处置措施结合实际情况及时处置（二+）。

事件发生后，应及时向信息系统主管部门进行报告（三+）；

事件处置完成后，应及时向信息系统主管部门及归属的密码管理部门报告事件发生情况及处置情况（三+）。

第四节　信息系统审计

一、信息系统审计的主要内容

网络审计是指根据事先确定的审计依据，在规定的审计范围内，通过文件审核、记录检查、技术测试、现场访谈等活动，获得审计证据，并对其进行客观的评价，确定被审计对象满足审计依据的程度所进行的系统的、独立的并形成文件的过程。网络安全审计是发现系统漏洞、入侵行为或改善系统性能的过程；也是审查评估系统安全风险并采取相应措施的一个过程。网络安全审计包括：IT专项治理审计、信息科技风险管理专项审计、网络安全专项审计、系统建设运行专项审计、业务连续性专项审计、基础设施专项审计、IT外包专项审计、数据管理专项审计。信息系统审计内容包括对应用控制、一般控制和项目管理的审计。应用控制包括：信息系统业务流程，数据输入、处理和输出的控制，信息共享和业务协同。一般控制包括：信息系统总体控制、信息安全技术控制、信息安全管理控制。项目管理包括：信息系统建设的经济性、信息系统建设管理、信息系统绩效。

二、信息系统审计的重要作用

信息系统审计的主要目标是通过检查和评价被审计单位信息系统的安全性、可靠性和经济性，揭示信息系统存在的问题，提出完善信息系统控制的审计意见和建议，促进被审计单位信息系统实现组织目标；同时，通过检查和评价信息系统产生数据的真实性、完整性和正确性，防范和控制审计风险。

1. 安全性

操作系统、数据库、应用系统、网络、物理、灾难恢复和信息化装备的安全可控。

2. 可靠性

包括信息系统硬件、系统软件、应用软件、网络环境和数据等方面的可靠性。

3. 经济性

包括信息系统建设、应用和运维等方面的经济、效率和效果。

4. 合法性

通过审查项目建设、流程设计、系统应用和运维等方面的控制措施，对照法律法规要求。

三、信息系统审计的操作流程

1. 审计准备

（1）组建审计组

组建审计组，任命审计组长，指定审计组成员以及特定审计所需的技术专家。该阶段需要了解审计需求；了解审计的复杂程度；确保审计组成员的审计独立性；确保审计组的整体能力。

（2）明确审计对象

与被审计方进行初步联系，可以是正式的会议形式，也可以是非正式的交流座谈。目的是：建立沟通渠道；确认审计目标、范围及审计对象；确认审计的授权和权限；确定特定场所的访问、安保、健康安全或其他要求；了解确定被审计方的其他关注事项。

（3）准备审计活动

准备审计活动需要进行调研工作，充分了解被审计对象现状，明确重点审计内容和方向，把握主要审计风险；准备审计工具。审前调研工作的内容通常包括：了解被审计信息系统的结构及业务开展情况；了解被审计单位组织架构及信息系统管理情况；收集与信息系统活动相关的法律法规、标准规范、内部制度文件和记录；收集历年内外部审计情况及主要风险点；分析和建议此次审计中的重点内容；形成审前调研报告。审计工具包括工作文件类工具和技术工具。

（4）编制审计方案

审计组长应根据审前调研情况编制审计方案。审计方案是有效安排和协调审计活动的实施指南。审计方案包括审计背景、审计目标、审计依据。审计范围包括审计组织范围、时间范围、内容范围等。审计方法包括审计抽样方案，如抽样原则及抽样结果。组织分工及时间安排包括人员分工、审计时间安排。

（5）编制审计计划

审计组组长应根据审计方案的时间安排，编制详细的现场审计计划。现场审计计划内容包括：审计事项、审计内容描述、审计计划时间、配合部门、配合人员、审计人员。

2. 实施审计活动

（1）举行首次会议

举行首次会议，审计组长介绍审计方案，提出配合审计工作要求。首次会议需要介绍审计方案，包括审计目标、范围、依据、内容及重点、审计方法、人员分工及时间安排等；确定与被审计对象的沟通渠道和联络人；确认审计组所需的资源和设施；听取被审计方的相关情况介绍等。

（2）收集审计证据

审计证据是审计人员表示审计意见和做出审计结论所必须具备的依据，审计证据也是审计质量的主要保证。审计证据包括：审计人员的观察、询问的记录；从内部文件或执行记录中获取的资料；审计测试程序所产生的结果等。

（3）符合性测试

符合性测试是指审计人员在了解内控制度后，对那些准备信赖的控制系统的实施情况和有效程度进行的测试，也称为遵循性测试。符合性测试是对内部控制的完整性、有效性和实施情况进行的测试，以确定实质性测试的性质、范围和程度；审计人员可以采取观察控制结果、检查相关文档、询问相关人员以及进行模拟测试等方法对关键控制点进行符合性测试。

（4）实质性测试

实质性测试是指在符合性测试的基础上，为取得直接证据而运用检查、观察、函证、计算、分析性复核等方法，对被审计单位会计报表的真实性和财务收支的合法性进行审查，以得出审计结论的过程；实质性测试的目的是取得审计人员赖以做出审计结论的足够的审计证据；实质性测试通常采用抽样方式进行，其抽样的规模需根据内部控制的评价和符合性测试的结果来确定。

（5）审计发现问题确认

审计人员应对照审计依据评价审计证据以形成审计发现，审计发现能表明符合或不符合审计依据的程度，审计发现问题应与被审计方进行确认。在审计工作底稿或审计取证单中记录不符合的审计证据，对不符合项进行分类分级。与被审计方沟通不符合项，并确认审计证据的准确性，使被审计方理解不符合项。与审计方确认审计发现的审计工作底稿或审计取证单应经被审计方签字确认。

（6）形成审计工作底稿

审计工作底稿应重点记录信息系统审计事项的审计过程，包括信息系统审计事项内容、审计程序步骤、审计处理过程、审计评价结果等，并附上审计证据作为附件。

（7）召开末次会议

完成全部现场审计任务，形成所有审计发现之后，审计组长应组织安排由审计委托方、被审计方和审计组成员参加的末次会议。末次会议的内容包括：报告审计发现；沟通审计结论及定性依据；对于存在分歧的事项进行记录、研究和核实；沟通审计的后续活动（例如审计整改，审计投诉的处理，申诉过程等）。

3. 审计报告

（1）编制和交付审计报告

以审计发现为基础，综合全部审计过程，审计组根据审计实施方案中规定的程序编制审计报告，以正式报告审计结果。审计报告应包括以下内容：审计概况，包括对审计依据、审计目标、审计范围、审计事项及审计程序等的简要描述；审计总体评价；审计发现；审计建议；报告附件，如审计发现问题汇总表等。

（2）完成审计工作

结束审计，审计机构完成以下工作：审计过程获得和产生的相关文件，应按照相关规定予以归档或销毁；从审计中获得的经验教训，并作为被审计方控制的持续改进过程的输入。

4. 跟踪审计

被审计方根据制定的整改措施和整改计划实施问题整改，审计组对被审计方的整改结果进行跟踪审计。主要包括：被审计方提供整改措施和对应的整改证据；审计组对整改证据的真实性和有效性进行审计；审计组在跟踪审计完成后编写跟踪审计报告。信息系统的完整流程见图 4–6。

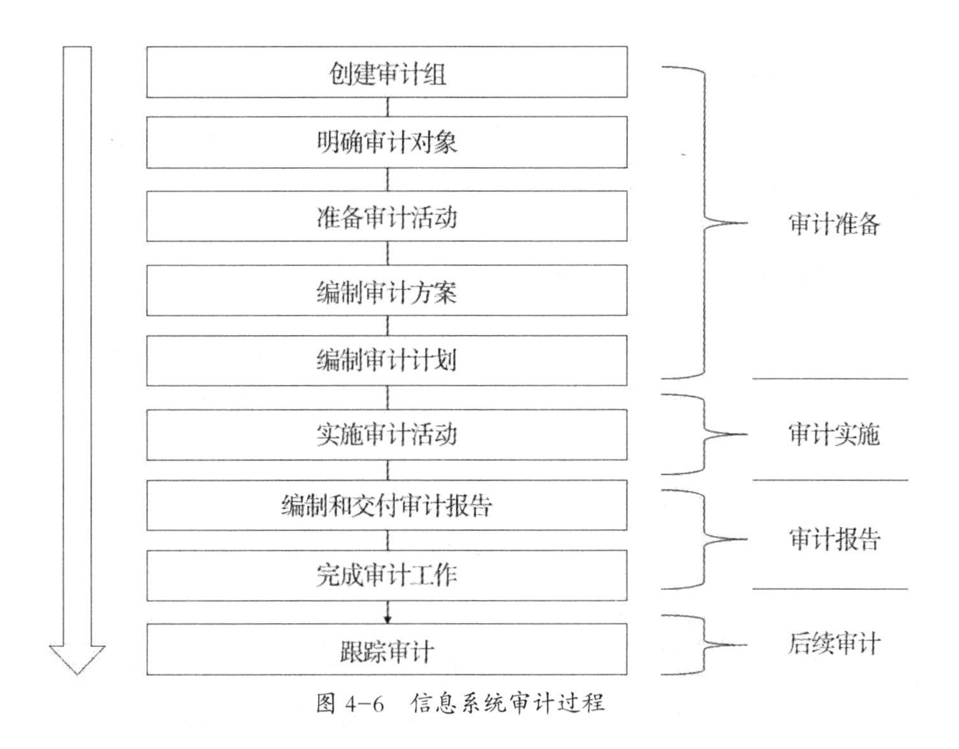

图 4–6　信息系统审计过程

四、信息系统审计的关键点

网络安全审计的类型

网络安全审计从审计级别上可分为3种类型：系统级审计、应用级审计和用户级审计。

1. 系统级审计

系统级审计主要针对系统的登入情况、用户识别号、登入尝试的日期和具体时间、退出的日期和时间、所使用的设备、登入后运行程序等事件信息进行审查。典型的系统级审计日志还包括部分与安全无关的信息，如系统操作、费用记账和网络性能。这类审计却无法跟踪和记录应用事件，也无法提供足够的细节信息。

2. 应用级审计

应用级审计主要针对的是应用程序的活动信息，如打开和关闭数据文件，读取、编辑、删除记录或字段等特定操作，打印报告等。

3. 用户级审计

用户级审计主要是审计用户的操作活动信息，如用户直接启动的所有命令，用户所有的鉴别和认证操作，用户所访问的文件和资源等信息。

（1）网络安全审计系统日志

①系统日志的内容。系统日志主要根据网络安全级别及强度要求，选择记录部分或全部的系统操作。如审计功能的启动和关闭，使用身份验证机制，将客体引入主体的地址空间，删除客体、管理员、安全员、审计员和一般操作人员的操作，以及其他专门定义的可审计事件。对于单个事件行为，通常系统日志主要包括：事件发生的日期及时间、引发事件的用户

IP 地址、事件源及目的地位置、事件类型等。

②安全审计的记录机制。对于各种网络系统应采用不同的记录日志机制。日志的记录方式有 3 种：由操作系统完成、由应用系统完成、由其他专用记录系统完成。大部分情况都采用系统调用 Syslog 方式记录日志，少部分采用 SNMP 记录。其中，Syslog 记录机制主要由守护程序、规则集及系统调用 3 部分组成。

③日志分析。日志分析的主要目的是在大量的记录日志信息中找到与系统安全相关的数据，并分析系统运行情况。主要任务包括：

a.潜在威胁分析。日志分析系统可以根据安全策略规则监控审计事件，检测并发现潜在的入侵行为。其规则可以是已定义的敏感事件子集的组合。

b. 异常行为检测。在确定用户正常操作行为基础上，当日志中的异常行为事件违反或超出正常访问行为的限定时，分析系统可指出将要发生的威胁。

c. 简单攻击探测。日志分析系统可对重大威胁事件的特征进行明确的描述，当这些攻击现象再次出现时，可以及时提出告警。

d. 复杂攻击探测。更高级的日志分析系统，还应可检测到多步入侵序列，当攻击序列出现时，可及时预测其发生的步骤及行为，以便于做好预防。

（2）审计事件查阅与存储

审计系统可以成为追踪入侵、恢复系统的直接证据，所以，其自身的安全性更为重要。审计系统的安全主要包括审计事件查阅安全和存储安全。审计事件的查阅应该受到严格的限制，避免日志被篡改。可通过以下措施保护查阅安全：

①审计查阅。审计系统只为专门授权用户提供查阅日志和分析结果的功能。

②有限审计查阅。审计系统只能提供对内容的读权限，拒绝读以外权限的访问。

③可选审计查阅。在有限审计查阅的基础上，限制查阅权限及范围。

审计事件的存储安全具体要求为：

①保护审计记录的存储。存储系统要求对日志事件具有保护功能，以防止未授权的修改和删除，并具有检测修改及删除操作的功能。

②保证审计数据的可用性。保证审计存储系统正常安全使用，并在遭受意外时，可防止或检测审计记录的修改，在存储介质出现故障时，能确保记录另存储且不被破坏。

③防止审计数据丢失。在审计踪迹超过预定值或存满时，应采取相应的措施防止数据丢失，如忽略可审计事件、只允许记录有特殊权限的事件、覆盖以前的记录、停止工作或另存为备份等。

（3）网络安全审计审计跟踪

①审计跟踪的概念及意义。审计跟踪 (Audit Trail）指按事件顺序检查、审查、检验其运行环境及相关事件活动的过程。审计跟踪主要用于实现重现事件、评估损失、检测系统产生的问题区域、提供有效的应急灾难恢复、防止系统故障或使用不当等方面。

②审计跟踪作为一种安全机制，主要审计目标是：

a. 审计系统记录有利于迅速发现系统问题，及时处理事故，保障系统运行。

b. 可发现试图绕过保护机制的入侵行为或其他操作。

c. 能够发现用户的访问权限转移行为。

d. 制止用户企图绕过系统保护机制的操作事件。

③审计跟踪是提高系统安全性的重要工具。安全审计跟踪的意义在于：

a. 利用系统的保护机制和策略，及时发现并解决系统问题，审计客户行为。在电子商务中，利用审计跟踪记录客户活动。包括登入、购物、付账、送货和售后服务等。可用于可能产生的商业纠纷。还用于公司财务审计、贷款和税务监察等。

b. 审计信息可以确定事件和攻击源，用于检查计算机犯罪。有时黑客会在其 ISP 的活动日志或聊天室日志中留下蛛丝马迹，对黑客具有强大的威慑作用。

c. 通过对安全事件的不断收集、积累和分析，有选择性地对其中的某些站点或用户进行审计跟踪，以提供发现可能产生破坏性行为的有力证据。

d. 既能识别访问系统的来源，又能指出系统状态转移过程。

④安全审计跟踪主要重点考虑以下两个方面问题：

a. 选择记录信息。审计记录必须包括网络系统中所有用户、进程和实体获得某一级别安全等级的操作信息，包括用户注册、用户注销、超级用户的访问、各种票据的产生、其他访问状态的改变等信息，特别应当注意公共服务器上的匿名或来宾账号的活动情况或其他可疑信息。实际上，收集的信息由站点和访问类型不同而有所差异。通常收集的信息为：用户名、主机名、权限的变更信息、时间戳、被访问的对象和资源等。具体收集信息的种类和数量经常还受限于系统的存储空间等。

b.确定审计跟踪信息所采用的语法和语义定义。主要确定被记录安全事件的类别（如违反安全要求的各种操作），并确定所收集的安全审计跟踪具体信息内容。以确保安全审计的实效，更好地发挥安全审计跟踪的重要作用。审计是系统安全策略的一个重要组成部分，它贯穿整个系统运行过程中，覆盖不同的安全机制，为其他安全策略的改进和完善提供了必要的信息。对安全审计的深入研究，为安全策略的完善和发展奠定重要基础和依据。

五、信息系统审计的指标

1. IT 治理与风险管理专项审计

①IT 治理审计包括：IT 治理组织架构与职责权限分工、IT 治理制度体系、IT 战略规划、IT 治理资源分配、IT 考核与监督。

②风险管理审计包括：风险识别与评估、风险应对与控制、风险监测与预警、风险沟通与报告。

2. 系统建设运行专项审计

①信息系统项目管理审计包括：项目规划与立项、项目建设管理、项目过程管理、项目绩效评价。

②信息系统开发审计包括：问题定义与规划、需求分析、软件设计、程序编码、软件测试、运行维护。

③信息系统运行维护审计包括：系统运维制度、系统运维过程、系统运维机构、系统运维档案。

④信息系统运维控制审计包括：输入、处理和输出控制审计，系统参数控制审计，数据管理控制审计。

3. 网络安全专项审计

网络安全专项审计包括：网络架构审计、通信传输审计、边界防护审计、访问控制审计、入侵防御审计、恶意代码检测审计、网络审计、安全计算环境的身份鉴别、访问控制和安全审计。

4. 业务连续性审计

业务连续性审计包括：业务连续性计划、灾难恢复计划、灾难备份策略、数据存储。

5. IT 基础设施专项审计

IT 基础设施专项审计包括技术控制措施审计和管理控制措施审计。技术控制措施审计包括：物理位置选择、物理访问控制、机房防火、防雷击、防水和防潮、电力供应。管理控制措施审计包括：环境管理审计、资产管理审计、介质管理审计、漏洞和风险审计、网络和系统安全审计、变更管理审计、备份和恢复管理审计、应急预案管理审计。

6. IT 外包专项审计

IT 外包专项审计包括：IT 外包战略规划、IT 外包治理、IT 外包商管理、IT 外包项目管理、IT 外包人员管理、IT 外包安全管理。

7. 数据管理专项审计

数据管理专项审计包括：数据治理架构与职责审计、数据管理审计、数据质量审计。

第五节　网络安全培训

一、网络安全培训的主要内容

针对组织管理层、技术人员、工作人员提供不同类型的信息安全培训，包括法律法规、安全意识、安全管理培训和网络安全技术培训。一方面，提高全部人员的安全意识，另一方面，提高技术人员的安全技能水平，掌握信息安全的最新技术与动态。

二、网络安全培训的重要作用

①增强意识，切实落实网络安全责任制。

②落实行动，严格执行网络安全管理各项措施。

③提升防范能力，加强组织网络安全培训和技术指导，完善网络安全设施，全面提升组织安全防范能力。

三、网络安全培训的关键点

1. 科普教育

目前，世界主要国家纷纷将全民网络安全意识科普教育作为国家网络安全战略的重要内容之一，通过提高组织中人员的网络安全基本技能和知识，增强组织对网络犯罪行为和网络安全威胁的认识，促进员工自觉采取网络安全保护措施，降低组织乃至国家遭受网络安全风险的可能性。在组织内开展《网络安全法》《密码法》《数据安全法》等法律法规以及安全意识的培训是组织的重要战略举措之一。

2. 培养技术管理于一体的高级工程师

综合网络安全行业标准与专业标准，建立网络安全高级工程师的培养标准体系，提升人才培养质量。网络安全高级工程师不仅需要系统掌握网络安全基础知识、专业知识、扎实的计算机体系和网络安全体系知识，还需要具有良好的职业道德，在了解信息技术和网络安全技术领域的各行业标准、相关政策、法律法规的基础上，具有实施网络安全防护体系工程的能力，能够管理与维护网络安全系统，具有进行网络安全产品的设计、开发、测试与创新的能力。

3. 继续教育

在网络空间安全领域，继续教育是面向学校教育之后所有社会成员特别是成人的网络安全教育活动，是终身学习体系的重要组成部分。在网络空间安全领域，开展继续教育的途径主要有以下几个方面：

（1）中国信息安全测评中心

中国信息安全测评中心(以下简称中心)是经中央批准成立的国家信息安全权威测评机构，职能是开展信息安全漏洞分析和风险评估工作，对信息技术产品、信息系统和工程的安全性进行测试与评估。对信息安全服务和人员的资质进行审核与评价。目前开展的培训有：注册信息安全专业人员（CISP）、CISP-A、注册信息安全开发人员CISD、注册信息安全专业人员-数据安全治理专业人员CISP-DSG、注册信息安全专业人员-渗透测试方向CISP-PTE/PTS、注册信息安全专业人员-应急响应方向CISP-IRE/IRS等。

（2）中国网络安全审查技术与认证中心

中国信息安全认证中心是经中央编制委员会批准成立，由国务院信息化工作办公室、国家认证认可监督管理委员会等八部委授权，依据国家有关强制性产品认证、信息安全管理的法律法规，负责实施信息安全认证的专门机构。中国信息安全认证中心为国家质检总局直属事业单位。目前开展的培训有：信息安全保障人员认证 - 医疗行业安全岗位能力 CISAW-HSP、信息安全保障人员认证 - 金融行业安全岗位能力 CISAW-FSP、信息安全保障人员认证 - 数据行业安全岗位能力 CISAW-DSP、信息安全保障从业人员认证 CISAW 等。

（3）国家互联网应急中心

国家互联网应急中心（National Internet Emergency Center，缩写CNCERT或CNCERT/CC）全称是国家计算机网络应急技术处理协调中心，其成立于2002年9月，是中央网络安全和信息化委员会办公室领导下的国家级网络安全应急机构，是“网络安全万人培训资助计划”的发起和技术指导单位之一。CNCERT具备先进的实验平台、顶级的专家队伍和丰富的人才培养经验，熟悉政府部门、行业协会、企事业单位的网络信息安全人才需求。目前开展的培训有：面向安全管理、安全测试、应急处置、应急响应等岗位人员的网络安全能力认证。

（4）软考培训

计算机技术与软件专业技术资格（水平）考试（以下简称计算机软件资格考试），是国家人力资源和社会保障部、工业和信息化部联合组织实施的国家级考试，其目的是科学、公正地对全国计算机与软件专业技术人员进行职业资格和专业技术资格认定、专业技术水平测试。

（5）国际培训

具体国际培训有：注册信息系统安全师CISSP、云安全认证专家、注册信息系统审计师CISA、项目管理专业人员资格认证PMP、ITIL4 Foundation国际认证、企业IT治理及管理框架（COBIT®2019）国际认证、信息安全管理体系建设【ISO27001】国际认证、认证数据中心专家【CDCP】认证等。

（6）其他培训

其他安全公司及教育培训机构举办的培训。

第五章　网络安全规划

网络安全规划就是在符合国家网络安全法律法规政策体系以及国家网络安全等级保护、风险评估、商用密码应用安全性评估等政策标准体系的前提下，按照组织的总体安全策略，建设自己的风险管理体系、安全管理体系、安全信任体系，最终形成网络安全综合防御体系。网络安全规划保护的对象主要有：网络基础设施、信息系统、大数据、物联网、云平台、工控系统、移动互联网、智能设备等。网络安全规划主要在组织管理、机制管理、安全规划、安全监测、通报预警、应急处置、态势感知、能力建设、技术检测、安全可控、队伍建设、教育培训、经费保障等方面开展。在开展过程中贯彻风险管理、等级保护、密码评估、信息系统审计于网络安全全生命周期各个阶段。

表 5–1　网络安全建设规划图

<table>
<tr><td rowspan="9">国家网络安全法律法规政策体系</td><td colspan="13">总体安全策略</td><td rowspan="9">国家网络安全等级保护、风险评估、商用密码应用安全性评估政策标准体系</td></tr>
<tr><td colspan="3">风险评估</td><td colspan="3">等级保护</td><td colspan="3">密码评估</td><td colspan="4">信息系统审计</td></tr>
<tr><td>组织管理</td><td>机制管理</td><td>安全规划</td><td>安全监测</td><td>通报预警</td><td>应急处置</td><td>态势感知</td><td>能力建设</td><td>技术检测</td><td>安全可控</td><td>队伍建设</td><td>教育培训</td><td>经费保障</td></tr>
<tr><td colspan="13">网络安全综合防御体系</td></tr>
<tr><td colspan="3">风险管理体系</td><td colspan="3">安全管理体系</td><td colspan="3">安全技术体系</td><td colspan="4">安全信任体系</td></tr>
<tr><td colspan="13">安全管理中心</td></tr>
<tr><td colspan="3">物理环境</td><td colspan="3">通信网络</td><td colspan="3">区域边界</td><td colspan="4">计算环境</td></tr>
<tr><td colspan="13">安全保护对象</td></tr>
<tr><td colspan="2">网络基础设施</td><td colspan="2">信息系统</td><td colspan="2">大数据</td><td colspan="2">物联网</td><td colspan="2">云平台</td><td>工控系统</td><td>移动互联网</td><td>智能设备等</td></tr>
</table>

第一节 安全设计原则

1. 木桶原则

木桶原则是指对信息均衡全面地进行保护。木桶的最大容积取决于最短的一块木板。

2. 整体性原则

要求在网络发生被攻击、破坏事件的情况下，必须尽可能地快速恢复网络信息中心的服务，减少损失。因此，信息安全系统应该包括安全防护机制、安全检测机制和安全恢复机制。

3. 先进性和适用性原则

安全设计应采用先进的设计思想和方法，尽量采用国内外先进的安全技术。所采用的先进技术应符合实际情况；应合理设置系统功能，恰当进行系统配置和设备选型，保障其具有较高的性价比，满足业务管理的需要。

4. 有效性与实用性原则

不能影响系统的正常运行和合法用户的操作活动。网络中的信息安全和信息共享存在一个矛盾：一方面，为健全和弥补系统缺陷或漏洞，会采取多种技术手段和管理措施；另一方面，这样做势必给系统的运行和用户的使用造成负担和麻烦，尤其在网络环境下，实时性要求很高的业务不能容忍安全连接和安全处理造成的时延和数据扩张。如何在确保安全性的基础上，把安全处理的运算量减小或分摊，减少用户记忆、存储工作和安全服务器的存储量、计算量，是一个信息安全设计者应该主要解决的问题。

5. 可靠性原则

安全设计应确保系统的正常运行和数据传输的正确性，防止由内在因素和硬件环境造成的错误和灾难性故障，确保系统可靠性。在保证关键技术实现的前提下，尽可能采用成熟安全产品和技术，保证系统的可用性、工程实施的简便快捷。

6. 系统性原则

应综合考虑安全体系的整体性、相关性、目的性、实用性和适应性。另外，与业务系统的结合相对简单且独立。

7. 安全性评价与平衡原则

对任何网络，绝对安全难以达到，也不一定是必要的，所以需要建立合理的实用安全性及用户需求的评价与平衡体系。安全体系设计要正确处理需求、风险与代价的关系，做到安全性与可用性相容，做到组织上可执行。评价信息是否安全，没有绝对的评判标准和衡量指标，只能决定于系统的用户需求和具体的应用环境，具体取决于系统的规模和范围，系统的性质和信息的重要程度。

8. 标准化与一致性原则

系统是一个庞大的系统工程，其安全体系的设计必须遵循一系列的标准，这样才能确保各个分系统的一致性，使整个系统安全地互联互通、信息共享。

9. 技术与管理相结合原则

安全体系是一个复杂的系统工程，涉及人、技术、操作等要素，单靠技术或单靠管理都不可能实现。因此，必须将各种安全技术与运行管理机制、人员思想教育与技术培训、安全规章制度建设相结合。

10. 统筹规划，分步实施原则

由于政策规定、服务需求的不明朗，环境、条件、时间的变化，攻击手段的进步，安全防护不可能一步到位，可在一个比较全面的安全规划下，根据网络的实际需要，先建立基本的安全体系，保证基本的、必需的安全性。随着今后随着网络规模的扩大及应用的增加，网络应用和复杂程度的变化，网络脆弱性也会不断增加，调整或增强安全防护力度，保证整个网络最根本的安全需求。

11. 等级性原则

等级性原则是指安全层次和安全级别。良好的信息安全系统必然是分为不同等级的，包括对信息保密程度分级，对用户操作权限分级，对网络安全程度分级（安全子网和安全区域），对系统实现结构的分级（应用层、网络层、链路层等），从而针对不同级别的安全对象，提供全面、可选的安全算法和安全体制，以满足网络中不同层次的各种实际需求。

12. 可扩展性原则

安全设计应考虑通用性、灵活性，以便利用现有资源及应用升级。

13. 开放性和兼容性原则

对安全子系统的升级、扩充、更新以及功能变化应有较强的适应能力。即当这些因素发生变化时，安全子系统可以不做修改或少量修改就能在新环境下运行。

14. 易操作性原则

首先，安全措施需要人为去完成，如果措施过于复杂，对人的要求过高，本身就降低了安全性。其次，措施的采用不能影响系统的正常运行。

15. 自主和可控性原则

网络安全与保密问题关系着一个国家的主权和安全，所以网络安全产品不可能依赖从国外进口，必须解决网络安全产品的自主权和自控权问题，开发我们自主的网络安全产品和产业。同时为了防止安全技术被不正当的用户使用，必须采取相应的措施（比如密钥托管技术等）对其进行控制。

16. 权限分割、互相制约、最小化原则

在很多系统中都有一个系统超级用户或系统管理员，拥有对系统全部资源的存取和分配权，所以它的安全至关重要，如果不加以限制，有可能由于超级用户的恶意行为、口令泄密、偶然破坏等对系统造成不可估量的损失和破坏。因此有必要对系统超级用户的权限加以限制，实现权限最小化原则。管理权限交叉，由几个管理用户来动态地控制系统的管理，实现互相制约。对于普通用户，则实现权限最小原则，不允许其进行非授权以外的操作。

第二节 总体框架

信息化建设过程中将从以下几个方面考虑安全性设计。

①应从安全技术、安全管理为要素进行框架设计。

②应从物理设施及环境方面考虑，物理安全是整个信息化建设的基础，物理安全建设是保证上层网络、应用等安全建设的基础，包括服务器、存储、终端等物理设备以及物理环境安全。

③应从网络层面进行考虑，包括基础网络安全、边界安全、网络协议安全等方面。

④应从数据方面进行考虑，数据是所有业务系统运行的基础，因此，数据安全是整个安全体系中非常重要的一部分，数据安全考虑应包括数据加密、数据备份和恢复等。

⑤应从应用层面进行考虑，应用系统是面向用户的，应用系统安全会直接影响到用户的使用。应用安全应包括统一认证、访问控制、权限管理以及数字签名等。

⑥应从安全管理制度、安全管理机构、人员安全管理、系统建设管理和系统运维管理几个层面实现安全管理类要求。

第三节　建设目标

1. 建设统一高效的运维管理中心

建立全面保障体系，建设统一高效的网络安全集中运维管理中心。要在各个层面整合目前处于各自为政状态的信息系统安全管理体系，杜绝“信息安全孤岛”的产生。

在技术层面，应顺应数据大集中的发展趋势，通过多种方式采集来自多个不同信息系统的数据信息进行分析，构建基于统计、规则与状态的关联分析平台。

在管理层面，应在组织机构上明确该中心为整个信息安全保障体系的核心部分，做到权责一致。由该中心从战略角度制定组织网络安全保障体系建设中的总体安全策略，使其达到国际先进标准与国内相关法律法规的要求。

在运维层面，应尽量扩大运维管理范围，统一门户、各应用系统直至办公终端都应纳入统一监管体系。同时将原有各相关管理规章制度与中心管理平台技术层面相结合，做到运维事件发现自动化与应急预案启动处理智能化。

2. 建立完整的防御体系

结合技术与运维管理，建立完整的主动与纵深防御体系。一个全面完善的信息安全保障体系，必然同时具备主动防御与纵深防御的特点。主动防御是指防御体系能根据信息系统状态，自动智能做出响应，抑制和避免安全事件的发生。一方面需要统一集中的安全管理运维平台作为大脑即时接收并发出响应指令，另一方面也需要各信息系统提供统一的事件上报与管理控制接口。这就要求在安全体系的建设中与各系统及设备厂商深度合作，促使他们开放必需资源，以达到充分的安全自主可控性。

纵深防御体系是《信息保障技术框架》的核心思想，即建立多层次的、纵深的安全措施来保障用户及信息系统的安全。为达到该目标，在技术层面，将同时加强网络与基础设施防御、区域边界防御、计算环境防御、支撑性基础设施防御这四大技术焦点区域的建设，对整个信息系统各个区域、各个层次甚至在每一个层次内部都部署信息安全设备和安全机制，保证访问者对每一个系统组件进行访问时都受到保障机制的监视和检测，以实现系统全方位的充分防御，将系统遭受攻击的风险降至最低，确保信息的安全和可靠。而要达到纵深防御体系，则必然要先做到安全区域边界划分、身份识别认证系统及容灾备份系统的建设等工作。

3. 加强合规性及标准化建设

根据“信息安全保障基本内容”确定安全需求，安全需求源于业务需求，通过风险评估，在符合现有政策法规的情况下，建立基于风险与策略的基本方针；严格遵循我国颁布的《网络安全等级保护基本要求》（以下简称《基本要求》）进行建设，在建设过程中展开有效即时的合规性安全评估，保证组织信息系统符合国家法律法规要求。同时结合 ISO 27001、ISO 27002 标准体系及 IATF（ISO/TS 16949）相关指导思想，建立达到国际高水准的信息安全管理保障体系。

第四节 规划设计

在以“一个中心，三个体系”为指导思想的信息安全保障体系建设过程中，严格遵守《网络安全等级保护管理办法》《网络安全等级保护定级指南》《网络安全等级保护基本要求》《网络安全等级保护实施指南》《信息系统密码应用基本要求》《信息系统密码应用测评要求》和《信息安全风险评估规范》等要求，根据网络安全等级严格对应进行安全评估及防护工作。

一、安全技术体系设计

为在组织贯彻落实国家网络安全法律法规政策体系、国家网络安全等级保护、风险评估、商用密码应用安全性评估等政策标准体系的精神，提高组织基础信息网络和重要信息系统的网络安全保护能力和水平，使组织信息系统、网络基础设施建设符合我国整体信息化建设标准，按照《网络安全等级保护管理办法》工作要求，进行符合等级保护和商用密码应用的信息安全保障体系建设。在技术上，建立集中安全运维管理平台，扩展管理监控范围，将现有的监控范围扩展至全网各层面所有设备直到办公计算机终端层面，保障整网安全全部自主可控。

1. 安全物理环境设计

物理安全主要是指组织所在机房和办公场地的安全性，应满足GB/T

22239—2019 中基本要求，主要应考虑以下几个方面内容。

物理位置选择：具有防风防雨防震的建筑、尽量避免顶层和地下室。

物理访问控制：采用电子门禁系统（国密）。

防盗防破坏：采用防盗报警系统和视频监控系统（国密）。

防火：使用防火材料、自动气体消防系统。

防水和防潮：采用动环监控系统。

防雷击：设置防雷保护装置。

防静电：使用静电地板、静电消除器。

温湿度控制：部署恒温恒湿精密空调系统。

电力供应：部署稳压系统和不间断电源（UPS）系统。

电磁防护：对关键设备使用电磁防护系统。

表 5-2　安全物理环境控制点及对应产品与方案

等保要求	控制点	对应产品与方案
安全物理环境	物理位置选择	具有防风防雨防震的建筑、尽量避免顶层和地下室
	物理访问控制	电子门禁系统（国密）
	防盗防破坏	防盗报警系统和视频监控系统 （国密）
	防火	使用防火材料、自动气体消防系统
	防水和防潮	动环监控系统
	防雷击	防雷保护装置
	防静电	静电地板、静电消除器
	温湿度控制	恒温恒湿精密空调系统
	电力供应	稳压系统和不间断电源（UPS）系统
	电磁防护	关键设备使用电磁防护系统

2. 安全通信网络设计

安全通信网络主要实现在网络通信过程中的机密性、完整性防护（采用国密算法），重点对定级系统安全计算环境之间信息传输进行安全防护。安全通信网络包括：网络架构、通信传输、可信验证。主要包括下一代防火墙、VPN设备（国密）、路由器和交换机等设备。建设要点主要是构建安全的网络通信架构，保障信息的传输安全。

安全通信网络主要从通信网络审计、通信网络数据传输完整性保护、通信网络数据传输保密性保护、可信连接验证方面进行防护设计。主要是对通信链路、交换机以及路由器的规划以及配置进行安全优化，对核心设备及主干链路进行冗余部署。

安全通信网络设计的控制点主要包括：网络构架、通信传输以及可信验证。确保网络业务和带宽满足高峰业务的需求，划分不同的网络区域满足管理和控制，避免重要的网络区域与边界直连，提供核心设备和关键链路的冗余。采用密码技术确保通信数据的完整性和保密性。对通信设备的重要运行程序进行动态的可信验证。

表 5–3 安全通信网络控制点及对应产品与方案

等保要求	控制点	对应产品与方案
安全通信网络	网络架构	路由器、交换机、网络规划（基于业务管理和安全需求）与配置优化、核心设备 / 主干链路冗余部署
	通信传输	VPN（国密），采用国密 VPN 或 HTTPS、SSH 保证通信过程中的身份认证、机密性和完整性
	可信验证	可信计算机机制

3. 安全区域边界设计

安全区域边界主要实现在互联网边界以及安全计算环境与安全通信网络之间的双向网络攻击的检测、告警和阻断。安全区域边界包括：边界防护、访问控制、入侵防范、恶意代码和垃圾邮件防范、安全审计、可信验证。主要包括下一代防火墙、入侵检测 / 防御、上网行为管理、安全沙箱、动态防御系统、身份认证管理、流量安全分析、WEB 应用防护以及准入控制系统等安全设备。建设要点包括强化安全边界防护、入侵防护以及优化访问控制策略。

安全区域边界安全设计主要从区域边界访问控制、区域边界包过滤、区域边界安全审计、区域完整性保护、可信验证等方面进行防护设计。包括部署下一代防火墙、上网行为管理、入侵保护设备，并启用安全策略、审计策略及认证策略确保边界访问的安全性。

在网络区域边界部署必要的网络安全防护设备，启用安全防护策略，建立基于用户身份认证与准入机制，启用安全审计策略，采用行为模型分析等技术防御新型未知威胁攻击，采集并留存不少于6个月的关键网络、安全及服务器设备日志。

表5-4　安全区域边界控制点及对应产品与方案

<table>
<tr><th>等保要求</th><th>控制点</th><th>对应产品与方案</th></tr>
<tr><td rowspan="6">安全区域边界</td><td>边界防护</td><td>下一代防火墙、身份认证与准入系统</td></tr>
<tr><td>访问控制</td><td>下一代防火墙、Web应用防火墙、行为管理系统</td></tr>
<tr><td>入侵防范</td><td>入侵检测与防御、蜜罐防御系统、抗APT攻击系统、网络回溯系统、网络流量分析系统、威胁情报检测系统、行为管理系统</td></tr>
<tr><td>恶意代码和垃圾邮件防范</td><td>防病毒网关、垃圾邮件网关、下一代防火墙</td></tr>
<tr><td>安全审计</td><td>行为审计系统、身份认证与准入系统、日志管理系统</td></tr>
<tr><td>可信验证</td><td>可信计算机机制</td></tr>
</table>

4. 安全计算环境设计

安全计算环境主要是对单位定级系统的信息进行存储处理并且实施安全策略，以保障信息在存储和处理过程中的安全。安全计算环境包括：身份鉴别、访问控制、安全审计、入侵防范、恶意代码防范、可信验证、数据完整性、数据保密、数据备份恢复、剩余信息保护、个人信息保护。主要安全设备有入侵检测/防御、数据库审计、动态防御系统、网页防篡改、漏洞风险评估、数据备份、终端安全。建设要点为强调系统及应用安全，加强身份鉴别机制与入侵防范。

安全计算环境主要实现一个可信、可控、可管的安全的计算环境。采用数据库审计、入侵检测、终端安全及数据备份系统，确保计算环境的安全性和可控性。

安全计算环境包括：

身份认证鉴别：面向业务多元身份聚合，一次登录一网全通。

恶意代码防范：深度融合反病毒 + 主动防御、未知文件动态分析。

数据完整保密：建立安全的数据传输通道，对传输和存储的数据完整性和保密性进行安全保护（需要采用国密算法）。

数据备份恢复：基于持续数据保护技术、备份集技术，满足不同业务系统的 RTO/RPO 目标。

表 5–5 安全计算环境控制点及对应产品与方案

等保要求	控制点	对应产品与方案
安全计算环境	身份鉴别	双因子认证系统、身份认证与准入系统、堡垒机、安全加固产品
	访问控制	身份认证与准入系统、安全加固产品
	安全审计	堡垒机、数据库审计、日志审计系统
	入侵防范	入侵检测防御、未知威胁防御系统、日志管理系统、渗透测试、漏洞扫描、安全加固服务
	恶意代码防范	终端安全系统、杀毒软件、沙箱
	可信验证	可信计算机机制
	数据完整性	VPN、防篡改系统、数据加密安全网关、服务器加密机、签名验签服务器、时间戳服务器
	数据保密性	VPN、服务器加密机、数据加密安全网关、SSL 等应用层加密机制、安全浏览器
	数据备份恢复	本地数据备份与恢复、异地数据备份、重要数据系统备份
	剩余信息保护	敏感信息清除
	个人信息保护	防泄密系统、个人信息保护系统

5. 安全管理中心设计

安全管理中心主要实现安全技术体系的统一管理，包括系统管理、安全管理、审计管理和集中管控。同时，对全网按照权限划分提供管理接口。主要包括大数据安全、IT 运维管理、堡垒机、漏洞扫描、网站监测预警、等保一体机、等保建设咨询服务等安全设备和安全服务。建设要点包括对安全进行统一管理与把控、集中分析与审计以及定期识别漏洞与隐患。

安全管理中心是为等级保护安全应用环境提供集中安全管理功能的系统，是安全应用系统安全策略部署和控制的中心。采用堡垒机、漏洞扫描、运维管理系统、大数据安全系统及等保一体机等安全防护设备，实现网络系统整体的安全管理、策略统一下发、系统运行统一监控以及运维人员身份的统一验证及行业审计等。

安全管理中心包括：

系统管理员、审计管理员、安全管理员权责清晰，三权分立。

设置独立安全管理区，采集全网安全信息，实施分析预警管理。

借力专业安服人员，提供渗透测试等高技术要求安全服务。

表 5-6　安全管理中心控制点及对应产品与方案

等保要求	控制点	对应产品与方案
安全区域边界	系统管理	堡垒机、4A 系统
	审计管理	堡垒机、4A 系统
	安全管理	堡垒机、4A 系统
	集中管理	VPN、IT 运维管理系统、安全态势感知系统、日志管理系统（需要与签名验签服务器和时间戳服务器进行改造）、等保一体机等。

二、安全管理体系设计

“三分技术，七分管理”突显了安全管理的重要性，在安全管理体系设计时，我们要监管 ISO27000 信息安全管理体系，同时结合网络安全等级保护制度 2.0 国家标准（等保 2.0 标准）中的安全管理要求。

在信息安全管理体系 ISMS 过程方法论中，可遵循的过程方法是 PDCA 四个阶段：

首先，需要在 P 阶段解决信息系统安全的目标、范围的确认,并且获得高层的支持与承诺。安全管理的实质就是风险管理，管理设计应紧紧围绕风险建立，所以，本阶段首要的任务是为组织建立适用的风险评估方法论。

其次，管理评估中所识别的不可接受风险是本阶段主要设计依据。通过D环节，需要解决风险评估的具体实施以及风险控制措施落实。风险评估仅能解决当前状态下的安全风险问题,因此，必须建立风险管理实施规范，当组织在一定周期（例如1年）或者组织发生重大变更时重新执行风险评估，风险评估可以是自评估，也可以委托第三方进行。本环节的设计必须涵盖管理风险中所有不可接受风险的具体处置，从实现而言，重点关注管理机构的设置与体系文件的建立和落实。

第三个环节是建立有效的内审机制和监测机制，没有检测就没有改进，通过设计审计体系完成对信息安全管理体系的动态运行。

第四个环节，即 A 环节，是在完成审计之后对组织是否有效执行纠正措施的审计跟踪和风险再评估过程。A 环节既是信息安全管理体系的最后一个环节，也是新的 PDCA 过程的推动力。

《网络安全等级保护基本要求》指出，安全管理体系主要从安全管理制度、安全管理机构、安全管理人员、安全建设管理以及安全运维管理进行设计。安全管理措施和安全技术措施相互补充，共同构建可信、可控、可管的网络安全保障体系。

安全管理制度主要包括：制定安全策略、建立安全管理制度、专人负责制定和发布管理以及定期评审和修订管理制度。

安全管理机构主要包括：设立相应领导、管理、审计、运维机构和岗位，配备系统管理、审计管理和安全管理员，明确授权和审批事项和制度，加强内部和外部安全专家沟通协作，定期审核和检查安全策略和安全管理制度。

安全管理人员主要包括：考核录用人员专业技能，签署保密协议，对离岗人员及时回收权限、证照等，加强安全意识和安全技能教育培训，定期进行安全技术考核。

安全建设管理主要包括：等保定级和备案，安全方案设计，安全产品采购和使用，自主和外包软件开发管理，安全保护工程实施管理，安全防护测试验收，系统验收交付，定期等保测评，监督、评审和审核安全服务提供商等。

安全运维管理主要包括：运行环境管理，被保护资产管理，信息存储介质管理，设备维护管理，漏洞和风险管理，网络和系统安全管理，恶意代码防范管理，系统、变更配置和密码管理，备份与恢复管理，安全事件和应急预案管理以及外包运维管理等。

在管理上，将安全管理体系的建立作为整个网络安全建设的核心与出发点，遵循以下原则：符合法律、法规、标准，符合组织网络安全建设的使命。建设初期首先明确安全管理体系的设计思路，确立信息安全战略发展目标，制定具有实践意义的安全管理组织架构，针对组织的现有情况制定统一的行政管理制度，明确权责，在整个系统中强制性地贯彻执行。具体方案如下：

1. 完善信息安全组织体系

成立以组织职能部门为主的安全管理机构，强化和明确其职责；在健全网络安全组织体系的基础上，切实落实安全管理责任制。明确各级、各部门作为网络安全保障工作的责任人；技术部门主管或项目负责人作为网络安全保障工作直接责任人，强化对网络管理人员和操作人员的管理。

2. 加强网络安全配套建设

消除信息安全风险隐患，把好涉密计算机和存储介质、内部网络对外接入、设备采购和服务外包三个重要的管理关口。对组织非常重要信息系统，建立与之配套的数据灾备中心。

3. 加强对涉密信息的监督管理

对相关单位将涉密信息存储在联网计算机上而将涉密信息暴露在互联网上的要及时纠正，并对有关人员进行教育和处理。对网上发布的信息进行监控，及时发现泄密事件，将危害控制在最小的范围内，使保密制度得到有效的执行和落实。

4. 建立健全信息安全制度

针对组织网络安全管理制定相应管理制度和规范；要求基础网络和重要信息系统运营、使用单位根据自身情况制定包括安全责任制度、定期检查制度、评估改进制度、安全外包制度、事故报告制度等在内的日常信息安全规章制度。

三、构建主动防御与纵深防御相结合体系

在运维上，建立高效统一的预警机制，以集中安全运维管理平台为核心，对突发的网络安全事件及系统性能事件建立有效的预警与联动处置流程，打破部门与系统界限，整合资源，形成强大的应急响应能力。

以集中安全运维管理平台为指挥中心，以遍布组织内不同网络安全域

的监控设备与预警机制为触角，建设自动化、智能化的主动防御体系，防患于未然，抑制和避免安全事件发生。

同时参考传统“进不来，拿不走，看不到，改不了，走不脱”的形象安全防御要求，结合技术、管理与运维体系构建多层次的、纵深的防御体系。同时加强网络与基础设施防御、区域边界防御、计算环境防御、支撑性基础设施防御这四大技术焦点区域的建设。在网络改造升级过程中，结合安全评估结果和各区域实际情况，明确安全区域划分，通过构建多重防火墙系统、CA用户认证系统加强访问控制能力，通过建设完善的容灾备份系统保障要害部位，确保在自然灾害等不可抗力下的信息可用性。

四、认证系统设计

使用基于PKI-CA体系的数字证书实现各业务应用系统的用户身份验证、数字签名等功能。认证体系系统设计应包含三个部分：身份认证基础设施，应用安全管理系统，应用安全中间件。身份认证基础设施是整个系统的基础，应该整合数字证书、用户密码模式、动态口令卡、手机动态密码、指纹等多种身份认证模式，并支持接入各地的CA机构。应用安全管理系统的建设，以便基于多种身份认证模式对涉及信息管理安全要素的统一管理，并包括统一身份管理、监管人员角色管理、信息资源管理、监管人员授权管理等。应用安全中间件基于身份认证基础设施和应用安全管理平台，这些中间件主要包括关于身份认证服务的中间件、关于数据安全服务的中间件、关于行为审计服务的中间件。

1. 统一身份认证

数字证书认证中心（Certificate Authority, CA）主要负责产生、分配并管理所有参与网上交易的个体所需的身份认证数字证书。每一个数字证书都与上一级的数字签名相关联，最终通过一个安全链追溯到一个已知的并被广泛认为安全、权威、足以信赖的机构。电子交易的各方都必须拥有合法的身份，即由CA中心签发的数字证书，在交易的各个环节，交易各方都需检验对方数字证书的有效性，从而解决用户信任问题。各应用系统调用各种中间件，方便地实现统一的身份管理与授权管理。

2. 采用PKI加密

系统采用加密技术来保护敏感信息的传输，保证信息传输中的安全性。在一个加密系统中，信息使用密钥加密后，得到的密文传送给接收方，接收方使用解密密钥对密文解密得到原文。目前主要有两种加密体系：秘密密钥加密、公开密钥加密。其中密码算法采用国密算法SM2。

3. 数字签名的应用

我们需要采用电子签名技术来保证信息的安全性和不可抵赖性。通过调用身份认证（可采用数字证书或指纹模式）、数字签名、数据加密等服务将数据上载到数据中心中共享，数据中心可对信息资源共享的机制进行设置与管理，其他用户则通过调用身份认证（可采用数字证书或指纹模式）、访问控制、数据解密等服务对信息进行调阅，公众和企业也可通过调用身份认证（可采用手机动态密码方式）、访问控制、数据解密等服务对信用信息进行远程查询，从而实现信息数据的安全共享和访问。

4. 权限管理

为了保证系统信息共享的同时实现对数据安全性和完整性的保护，平台提供权限管理机制。平台根据不同的角色进行权限管理，权限管理按等级实现个人级、文件类别级、文件级、普通级自定义保护级四级保护机制。

第六章　网络安全建设

网络安全面临的安全威胁是多级别的。组织内网络由多个分区组成，例如内联区、外联区、管理分区、服务器分区、存储区等。其中，多个分区使用 Internet 接入，而 Internet 在给社会发展带来巨大推动力的同时，带来了大量的网络安全问题。因此，需要运用多种安全策略以实现组织系统的整体安全性。网络安全建设是整个网络安全生命周期的关键环节，主要是指根据安全区需求进行安全开发、测试和实施，主要包括安全产品开发、安全基础测试和安全现场实施等。

第一节　硬件安全建设

硬件安全指保护终端设备、网络设备、服务器等硬件装备不被破坏。保证物理设备的安全是安全策略的最基本要求。要最大限度地保证物理设备的安全，可以执行以下操作：

◎防范终端设备、主机、路由器、交换机等物理运行环境可能存在的安全风险，保证设备放置场所防火、防水、防地震等措施严格。

◎防范电源故障造成设备断电以至操作系统引导失败或数据信息丢失。

◎防范设备被盗、被毁造成系统崩溃、数据丢失或信息泄漏。

◎防范电磁辐射可能造成数据信息丢失或泄露。

◎对于电源、空调等关键的辅助设备，要求采取冗余配置。

◎关键设备设置密码。

第二节　网络安全建设

网络安全是组织安全最基本的保证。这里主要从交换机的安全特性的使用来保证网络的安全，包括 DHCP Snooping、ARP 防攻击、MAC 防攻击、IP 源防攻击等。这些安全特性工作于 OSI 模型的链路层，可在接入层交换机上部署。

第三节　系统软件安全建设

软件安全是指组织内各系统软件的安全，一般通过包括权限管理、日志管理等。

1. 权限管理

系统的应用软件通过权限设置的功能，为用户提供了一系列的安全保障，包括：

（1）角色权限设置

可设置每个用户在系统软件中的操作权限。用户的身份通过账号和密码的设置来体现，账号和角色相对应，而角色则是系统内部许许多多具体权限的组合。用户使用账号登录后，系统会根据账号调出用户所对应的角色，确定用户可选择的模块范围以及在每个模块中的操作权限。

在角色权限设置中，角色可以自定义，一个人员可以对应多个角色。这样，应用系统就可以方便地定义每个人员的工作权限，并可以随其工作范围的变更进行灵活调整，最大限度满足用户的需求。

（2）组织目录权限设置

园区可以根据自己的需求定义信息存放的目录结构，然后根据部门、人员、从属关系对每个文件夹或每条信息、文档设置权限。这样，政府所有信息有序存储，再辅以严格的权限设置，既方便查询，又防止信息的泄密和失窃，建立起单位的电子信息库。

2. 日志管理

系统提供关于服务器和系统的日志功能，记录服务器的各种状态及用户操作状态，有效追踪非法入侵。

第四节　安全管理机制

任何网络仅在技术上是做不到完整的安全的，还需要建立一套科学、严密的网络安全管理机制，提供制度上的保证，将由于内、外部的非法访问或恶意攻击造成的损失减少到最小。

建议制定的管理机制包括以下内容：

1. 管理目标

采取集中控制、分级管理的模式，建立由专人负责安全事件定期报告和检查的制度，从而在管理上确保全方位、多层次、快速有效的网络安全防护。

2. 管理规范

根据管理规范内容的重要程度和安全管理的复杂性特点，管理规范应包括技术、人员与组织结构、应急事件、安全响应服务、安全培训五个方面的内容。

3. 安全技术规范

安全技术规范主要是对工作职责、内容、操作流程所做的规定，从而实现安全防护的程序化和统一化管理。

4. 人员与组织结构

安全防护系统能否真正实现，最终取决于如何对各类人员进行有效的人员配置和组织结构的设定，以及检查监督机制的建立。

5. 应急事件与响应

对出现的黑客攻击或恶意破坏事件进行及时、有效的报警、切断、记录等。制定较为详细的、可操作性强的应急事件处理规范是保证系统不受影响的关键所在。

6. 安全培训

为了将安全隐患减少到最低，需要加强对安全知识的普及，让每一位操作者都成为安全卫士，才能实现真正意义上的全方位的安全。

第五节　安全管理体系

一、安全管理组织架构

组织基础建设项目是一项技术性强、过程复杂的咨询活动，对人员要求和项目组织要求都非常高，为确保本项目顺利圆满完成，确保项目质量并达到预期目标，确保系统平台和信息数据的安全，使工作和责任更加清晰明确，应针对项目成立专门的安全体系管理组织，明确职责分工，建立起层次清楚、分工明确的管理机构。

二、安全管理制度

1. 网络安全策略

所谓网络安全管理策略是指一个网络关于安全问题采取的原则，对安全使用的要求，以及如何保护网络的安全运行，内容如下：

◎根据管理职责确定使用对象，明确确定某一设备配置、使用、授权信息的划分。

◎确定对每个管理者可以对用户授予的权限。说明网络使用的类型限制，定义可接受或不可接受的网络应用，对网络管理人员做级别上的限制。所有违反安全策略、破坏系统安全的行为都是禁止的。

◎增加管理员的用户口令、密码的强度，管理授权范围尽可能小。

◎网络安全管理数据信息的保密性必须以制度的形式明确规定。

◎在网络管理中实行责权利的界定，实现专人专管。

◎制定安全策略被破坏时所采取的策略，首先必须保障对安全问题的隔离和限制，防止破坏的蔓延与扩展，其次对安全问题跟踪的书面文档纪录。

◎本网络对其他相连网络的职责。

◎网络安全策略作为向所有使用者发放的手册，应注明其解释权归属何方，以免出现不必要的争端。

2. 原则

整个系统平台的网络信息系统安全管理主要基于三个原则：

①多人负责原则：每一项与安全有关的活动，都必须有两人或多人在

场。这些人应是系统主管领导指派的，他们忠诚可靠，能胜任此项工作；他们应该签署工作情况记录以证明安全工作已得到保障。以下各项是与安全有关的活动：

◎访问控制使用证件的发放与回收。

◎信息处理系统使用的媒介发放与回收。

◎处理保密信息。

◎硬件和软件的维护。

◎系统软件的设计、实现和修改。

◎重要程序和数据的删除和销毁等。

②任期有限原则：对参与管理的人员实现有限任期，如实行轮岗。

③职责分离原则：在信息处理系统工作的人员不要打听、了解或参与职责以外的任何与安全有关的事情，除非系统主管领导批准。

3. 管理要求

信息系统的安全管理部门应根据管理原则和该系统处理数据的保密性，制订相应的管理制度或采用相应的规范。具体工作是：

◎根据工作的重要程度，确定该系统的安全等级。

◎根据确定的安全等级，确定安全管理的范围。

◎制订相应的机房出入管理制度，对于安全等级要求较高的系统，要实行分区控制，限制工作人员出入与己无关的区域。出入管理可采用证件识别或安装自动识别登记系统，采用磁卡、身份卡等手段，对人员进行识别、登记管理。

◎制订严格的操作规程，操作规程要根据职责分离和多人负责的原则，各负其责，不能超越自己的管辖范围。

◎制订完备的系统维护制度，对系统进行维护时，应采取数据保护措施，如数据备份等。维护时要首先经主管部门批准，并有安全管理人员在场，故障的原因、维护内容和维护前后的情况要详细记录。

◎制订应急措施，要制订系统在紧急情况下如何尽快恢复的应急措施，使损失减少至最小。

◎建立人员雇用和解聘制度，对工作调动和离职人员要及时调整相应的受理。

4. 人员管理

（1）工作人员

◎禁止与同事共享账号和密码。

◎禁止对系统中的密码文件运行密码检查工具。

◎未经许可，禁止运行网络监听工具。

◎禁止攻击别人的账号。

◎禁止影响系统中的服务。

◎禁止未经许可而检查别人的文件。

◎禁止随意下载、安装、使用未经检查的软件。

（2）系统管理员

不能随意在系统中增加账号，禁止具有业务内容的操作授权。

下载软件使用：

◎如果系统管理员能够证实公网上一些软件的作者、源程序是安全的，这种软件可以在相对重要的计算机系统中使用。

◎在非常重要的计算机系统中不能使用公网上的软件。如果必须要使用，只能在检查过源程序之后，或（如果源程序太大）当这些软件在知名公司中同样的计算机系统上使用一年以上，经过安全检查之后方可使用。

◎禁止使用盗版软件及游戏软件。

（3）程序开发人员

将开发软件、发布软件的环境和数据分开；将安全作为应用程序开发的一个完整组成部分；测试数据不能包含秘密信息；考虑使用比较安全的编程语言；确定与应用程序一起发布的文档，比如操作、安装、管理、安全手册。

5. 密码管理

（1）密码的内容

①密码的字符组成：

◎要将数字、大写字母、小写字母、标点符号混合起来，要易于记忆（不用写下来），要易于输入（不易被偷看到）。

②不宜选择的密码：

◎亲戚、朋友、同事、单位等的名字，生日、车牌号、电话号码。

◎字典上现有的词汇。

◎一串相同的数字或字母。

◎明显的键盘序列。

◎所有上面情况的逆序或前后加一个数字。

③密码的使用：

◎不要将密码写下来，不要通过电子邮件传输。

◎不要使用缺省设置的密码。

◎不要将密码告诉别人。

◎如果系统的密码泄漏了，立即更改。

◎不要共享超级用户的口令或用超级用户直接登录。

◎如果可能，不同平台上的用户口令要一致。如果用户只需要记住一个口令就应选择质量较高的密码。

◎所有系统集成商在施工期间设立的缺省密码在系统投入使用之前都要删除。

◎密码要以加密形式保存，加密算法强度要高。

◎在输入时密码不能显示出来，“*”最好也不要显示。

◎一个用户不能（从密码文件中）读取其他用户的（加密）密码。

◎不能在软件中放入明文形式的口令。如果可能，在软件中也不要存放加密后的密码。

◎要指定密码的最短有效期、最长有效期、最短长度。

◎要指定所允许的口令内容。系统要根据这些规则检查口令的内容，符合要求才接受。

◎除了系统管理员外，一般用户不能改变其他用户的口令。

◎如果可能，强制用户在第一次登录后改变口令。

◎在要求较高的情况下可以使用强度更高的认证机制。

◎如果可能的话，可以使用用户自己的密码生成器帮助用户选择口令。

◎要定时（每周一次）运行密码检查器来查找强度太弱的口令。

（2）登录策略

◎用最少的时间、最小的权限来完成其工作。

◎仅给经过授权的用户保留账号。

◎不要使用 guest 用户，如果要用，应该有很强的安全限制。

◎用户和组要由系统管理员进行管理，不能由用户自己管理。

◎不设置多人共用的账号。

◎用户名和密码不能在同一次通信中传输。

◎当一个工作人员离开岗位后，其账号要及时删除。

◎ 15 分钟空闲后系统应该加锁，并由密码保护。

◎用户应用程序及其系统配置只能由用户本人可写，而且不能被他人读取。

◎对于用户违反安全策略的选择要及时通知。

◎如果一个用户账号（超级用户除外）在较短的时间内连续登录失败（比如说一小时内有20次），暂时禁止此账号，并通知用户。

◎当用户登录后要显示这些信息。

◎通知用户潜在的系统安全风险；上一次成功和失败登录的时间和地点。

◎仅在需要的时候才允许登录功能（比如说在周一到周五的工作时间）。

◎禁止使用超级用户的账号直接登录，尤其是当有多人同时管理一个系统时。

◎要能够对用户账号设置过期时间。

◎如果必须存在公用的账号，其工作环境要加以严格的限制。

第六节　安全技术体系

一、整体架构设计

参照等保 2.0 标准和商用密码应用安全性评估标准，并结合信息系统现状，将系统重新划分区域，专网与互联网均划分为边界安全域、核心交换域、服务器安全域、运维管理域、密码资源池域、终端办公域等 6 个区域。依据各区域重要性不同，其保护程度也不一而同，充分体现了分区域的理念和适度建设、重点保护的原则。各区域功能如下所述：

1. 边界安全域

在网络边界进行防护，包括防火墙、防毒墙、入侵检测设备（入侵检测与防御、蜜罐防御系统、抗 APT 攻击系统、网络回溯系统、网络流量分析系统、威胁情报检测系统）等。作为信息系统的出入控制关卡，要重点对此区域进行防护，主要从网络架构、边界防护、访问控制、入侵防范、恶意代码和垃圾邮件防范、安全审计等方面进行分析，并有针对性地增加硬件防护设备和软件配置优化。

2. 核心交换域

主要由冗余的核心交换机组成，重点应从网络安全进行防护，包括设备冗余、链路冗余、结构优化、设备自身安全防护，同时加强安全审计防护。此域还包括IDS、堡垒机、漏洞扫描设备组成。此区域为全网安全审计的引擎区域，需要对设备自身安全防护进行重点关注。

3. 服务器安全域

主要提供对服务器的安全防护，由现有的各种应用服务器构成，实现整个系统的共享等功能，作为对外服务的系统，应重点防护，要从安全物理环境、安全通信网络、安全区域边界、安全计算环境等全面防护。

4. 运维管理域

网络安全管理中心应具有对整个网络内所有节点的日常状态监测、故障响应、资源分配和控制等功能，同时承担采集网络运行数据，进行业务流量、流向分析，制定网络发展规划等职能。网络管理系统还需要具有性能管理、故障管理、配置管理、安全管理等基本功能。因此，网络管理中心是整个信息系统安全体系的核心，针对其在网络中的核心地位，应该在安全设计中划分单独的安全域重点防护。

5. 密码池域

提供整个网络内的身份鉴别、数据机密性、数据完整性工作，通过服务器密码机、签名验签服务器、时间戳服务器、数据加密安全网关、数字认证系统等组成。

6. 终端办公域

此域包含内外网用户群，局域网是内部人员办公的环境，需要单独划分成安全域，该安全域主要包括内部终端办公计算机、交换设备、办公设备等。重点要从网络接入安全、终端设备安全等网络安全、系统安全和应用安全方面进行安全分析和加固。

不同的区域及根据用户的重要程度，使用 VLAN 及访问控制的方式实现隔离。

二、访问控制

对于网络而言，最重要的一道安全防线就是边界，边界上汇聚了所有流经网络的数据流，必须对其进行有效的监视和控制。所谓边界即是采用不同安全策略的两个网络连接处，比如用户网络和互联网之间的连接和其他业务往来单位的网络连接、用户内部网络不同部门之间的连接等。有连接，必有数据间的流动，因此在边界处，重要的就是对流经的数据（或者称进出网络）进行严格的访问控制。按照一定的规则允许或拒绝数据的流入、流出。

1. 接入控制

在内部网络中，对于重要的网段，不能随便允许用户接入，即要对接入的用户进行控制和审计，要实现此功能，需要在交换机上启用VLAN划分，实现重要资源和非重要资源的网络隔离；然后在网络边界上通过访问控制列表（ACL）实现对重要资源的访问控制，只允许授权的用户在特定的时间段访问所允许的应用，其他应用全部拒绝；为杜绝恶意用户接入网络，需要在网络设备接口上实现MAC地址绑定，只允许授权的计算机能够接入网络，并在接口下启用802.1x认证，在合法设备接入后，再进一步通过用户名/密码组合方式验证用户身份，增强网络访问可靠性。

2. 网络准入控制

部署身份认证与准入系统，从终端方面的网络接入，到交换机上的防火墙、入侵检测、流量分析与监控、内容过滤，形成全面的网络安全防御体系。要求网络设备需要具备安全智能，能够自动检测接入设备中是否采取了安全措施，一旦检测到没有安装安全产品，网络设备将自动拒绝这些“非安全”的终端设备的接入。网络将按照客户制定的策略实行相应的准入控制决策：允许、拒绝、隔离或限制。

三、安全审计

如果将安全审计仅仅理解为“日志记录”功能，那么目前大多数的操作系统、网络设备都有不同程度的日志功能。但是实际上仅这些日志根本不能保障系统的安全，也无法满足事后的追踪取证。安全审计并非日志功能的简单改进，也并非等同于入侵检测。

网络安全审计重点包括的方面：对网络流量监测以及对异常流量的识别和报警、网络设备运行情况的监测等。通过对以上方面的记录分析，形成报表，并在一定情况下发出报警、阻断等动作。其次，对安全审计记录的管理也是其中的一方面。由于各个网络产品产生的安全事件记录格式也不统一，难以进行综合分析，因此，集中审计已成为网络安全审计发展的必然趋势。

目前所有网络设备、主机设备均采用自身的日志记录实现部分审计功能，日志信息保留在缓存中或者主机硬盘较小的容量空间，没有集中的日志审计系统。不能监控网络内容和已经授权的正常内部网络访问行为，因此对正常网络访问行为导致的信息泄密事件、网络资源滥用行为无能为力，也难以实现针对内容、行为的监控管理及安全事件的追查取证。由于没有专门的网管系统，对于网络系统中的网络设备/主机设备运行状况、网络流量、用户行为等也无法进行记录和追踪，因此，迫切需要一种安全手段对上述问题进行有效监控和管理，安全审计系统、IDS和网管系统正好可以满足此方面的要求。因此，建议网络安全审计系统、IDS和网管系统可以实现以下功能：

1. 综合管理

综合审计安全中心具有系统监控和日志管理功能，可以集中管理安全审计系统、内容安全管理系统、入侵检测系统、入侵保护系统，网络设备，提供针对网络正常行为和异常行为的全面行为检测手段，实现安全数据的整体挖掘、关联分析管理。审计记录可以包括：事件的日期和时间、用户、事件类型、事件是否成功及其他与审计相关的信息；同时能够根据记录数据进行分析，并生成审计报表，以多重方式呈现给相关管理人员。

2. 内容审计

审计系统提供深入的内容审计功能，可对网站访问、邮件收发、远程终端访问、数据库访问、数据传输、文件共享等提供完整的内容检测、信息还原功能；并可自定义关键字库，进行细粒度的审计追踪。

3. 行为审计

审计系统提供全面的网络行为审计功能，根据设定行为审计策略，对网站访问、邮件收发、数据库访问、远程终端访问、数据传输、文件共享、网络资源滥用（即时通信、论坛、在线视频、P2P下载、网络游戏等）等网络应用行为进行监测，对符合行为策略的事件实时告警并记录。

4. 流量审计

审计系统提供基于协议识别的流量分析功能，实时统计出当前网络中的各种报文流量，进行综合流量分析，为流量管理策略的制定提供可靠支持。

5. 网络设备控制

通过新增网管系统可以对现有的网络进行拓扑管理、网络流量分析，并能实时收集网络设备日志，进行综合分析，发现网络异常行为，进行报警和处理。将审计系统旁路接入核心交换机，通过端口镜像将流量引至审计系统监控端口，从而实现网络分析和审计。

6. 日志数据的完整性

审计设备与时间戳服务器和签名验签服务器（国密）进行对接，保证日志数据的完整性。

四、边界完整性检查

虽然网络采取了防火墙等有效的技术手段对边界进行了防护，但如果内部局域网用户在边界处通过其他手段接入内部局域网（如无线网卡、双网卡、拨号上网），这些边界防御则形同虚设。因此，必须在全网中对网络的连接状态进行监控，准确定位并能及时报警和阻断。

在安全完整性检查方面应增加配套的软硬件设备对以下几个方面的隐患做重点防护：

①内部人员可通过拨号方式，非法连接到互联网等外部网络，造成内部网络安全保障措施失效，可能会造成病毒感染、敏感信息泄密等安全事件。

②在内网、外网物理隔离的涉密信息系统内部，工作人员也可能把内部局域网计算机连接到外部网络上，形成非法的网络出口，从而为外部黑客非法入侵提供途径，容易造成安全隐患。

③外部移动笔记本电脑等通过非法接入局域网的交换设备，访问内部信息系统中的计算机和服务器资源，造成可能的信息丢失泄密。

④在某些情况下，外部移动笔记本计算机还可以通过直连线、拨入、无线网卡接入，直接跟局域网中的计算机相连，建立对等网络连接，从而造成信息泄密。

解决上述安全威胁，在服务器端部署一套操作系统终端安全管理系统，这些产品在协议层实现了对非法外联和非法内接行为提供了有效的防范手段，安装了系统的计算机不论通过何种方式，均不能非法外联到互联网。任何没有授权的计算机，都不能通过网络交换设备接入单位局域网，也不能通过网线直连的方式接入到单位内部的任何一台计算机上获取数据。

五、网络入侵防范

网络访问控制在网络安全中起到大门警卫的作用，对进出的数据进行规则匹配，是网络安全的第一道闸门。但其也有局限性，它只能对进出网络的数据进行分析，对网络内部发生的事件则无能为力。基于网络的入侵检测，被认为是防火墙之后的第二道安全闸门，它主要监视所在网段内的各种数据包，对每一个数据包或可疑数据包进行分析，如果数据包与内置的规则吻合，入侵检测系统就会记录事件的各种信息，并发出警报。

针对入侵防御，增加抗拒绝服务系统和IPS硬件网关系统（NIPS）或者其他入侵防御系统、配套主机软件（HIPS）。硬件部署在网络边界处，对出入本网的数据进行深度检查，防止拒绝服务攻击，合规数据放行，违规数据阻断，并及时发出报警、记录行为；软件（HIPS）部署在主要服务器上，能监控电脑中文件的运行和文件运用了其他的文件以及文件对注册表的修改，达到进程级防护，向用户报告请求允许的软件，如果用户阻止了，那么它将无法运行或者更改。通过部署抗DDoS产品和IPS产品，可以做到以下几点：

1. 入侵防护

实时、主动拦截黑客攻击、蠕虫、网络病毒、后门木马、DDoS等恶意流量，保护企业信息系统和网络架构免受侵害，防止操作系统和应用程序损坏或宕机。

2. Web 威胁防护

基于互联网 Web 站点的挂马检测结果，结合 URL 信誉评价技术，保护用户在访问被植入木马等恶意代码的网站时不受侵害，及时、有效地第一时间拦截 Web 威胁。

3. 流量控制

阻断一切非授权用户流量，管理合法网络资源的利用，有效保证关键应用全天候畅通无阻，通过保护关键应用带宽来不断提升企业 IT 产出率和收益率。

六、恶意代码防范

在网络边界处新增网络防毒墙或者在防火墙中内嵌防毒模块，能够抵御某些新型蠕虫的攻击，病毒在进入网络之前就会被拦截，避免了由于病毒入侵到服务器和工作站所引起的一系列的典型问题，可用于独立式边缘病毒扫描结构，或作为客户端、服务器和边缘保护三层病毒扫描架构的一部分为企业网络提供了一个额外保护层。

同时在内网服务器和终端部署网络版杀毒软件，进行恶意代码的防范。

Web 服务器群前增设一台 Web 防火墙，对进入内部 WEB 服务器的数据进行恶意代码的探测，如 SQL 注入、JAVA 脚本等，通过对 Web 应用机理的分析，可以对 HTTP 流量进行完整的安全扫描，及时发现异常的使用模式并阻止目前未知的攻击方法；它提供了强大的双向扫描机制，对于 HTTP 请求提供 URL、表单参数、报头及 Cookie 等各种安全扫描，还提供强大的应用层 DDoS 防护以及强制浏览和跨站请求伪造攻击防护。

七、数据备份和恢复

所谓“防患于未然”，即使对数据进行了种种保护，但仍无法绝对保证数据的安全。对数据进行备份，是防止数据遭到破坏后无法使用的最好方法。

通过对数据采取不同的备份方式、备份形式等，保证系统重要数据在发生破坏后能够恢复。将一些重要的设备（服务器、网络设备）设置冗余。当主设备不可用时，及时切换到备用设备上，从而保证系统的正常运行。对重要的系统实施备用系统，主应用系统和备用系统之间能实现平稳、及时的切换。需要重点在此部分加强工作，具体应采取以下措施：

1. 完善本地备份

为防止意外数据的破坏，非常有必要对这些数据进行本地的备份及恢复措施。本地备份主要有 SAN 备份和 LAN 备份两种，对于重要数据可以采用SAN备份措施，一般管理性数据采用LAN备份，通过备份软件将数据和操作系统备份至SAN存储设备和备份服务器。SAN存储设备建议采用国内知名公司的磁盘阵列，备份软件采用现有的Veritas或者磁盘设备自带的软件，通过备份策略，将数据自动备份。在将数据直接备份到磁盘阵列的同时，建议增加额外的虚拟带库，实现数据的二次存储，增强备份的可靠性。

2. 建立异地容灾

本地备份可以很好地解决数据丢失、数据破坏产生的业务中断现象，但是当本地遭遇自然灾害、火灾等不可控灾难时，导致本地备份系统破坏，必须有更为健全的恢复机制，因此需建立异地容灾中心。异地备份中心可以采用IP SAN架构搭建，由备份软件根据策略实现同步或者异步备份。

3. 网络架构冗余

主干网络间要采用双链路或者多链路连接，并有STP协议或者路由协议生成单链路逻辑转发拓扑，这样即保障了网络传输可靠性，又能避免网络环路。

八、纵深防御体系设计

纵深防御体系是安全的第一道有效措施，要求包括网络安全防护、系统安全防护和应用安全防护等多个方面，从而实现覆盖网络层到应用层等多层次的安全保护，在不同安全等级的网络边界的位置和系统外部阻止常见的入侵与攻击，并最大限度地减少对业务效率的影响。纵深防御体系由防火墙技术、入侵防护、防病毒、WAF等技术手段融合组成。

九、漏洞发现系统建设

根据“发现—扫描—定性—修复—审核”的安全体系构建法则，使用漏洞扫描系统对系统进行定期扫描，漏洞扫描系统综合运用多种国际最新的漏洞扫描与检测技术，能够快速发现网络资产，准确识别资产属性，全面扫描安全漏洞，清晰定性安全风险，给出修复建议和预防措施，并对风险控制策略进行有效审核，从而帮助用户在弱点全面评估的基础上实现安全自主掌控。

安全建设完成之后，使用人工渗透测试的方式，对信息系统漏洞进行全面挖掘。

十、业务审计系统建设

管理层面：完善现有业务流程制度，明细人员职责和分工，规范内部员工的日常操作，严格监控第三方维护人员的操作。

技术层面：除了在业务网络部署相关的信息安全防护产品（如 FW、IPS 等），还需要专门针对数据库部署独立安全审计产品，对关键的数据库操作行为进行审计，对行为进行审计，做到违规行为发生时及时告警，事故发生后精确溯源。

安全监控和审计系统主要包括网络审计系统、堡垒机系统等监控类的设备，实现全网的实时监控，弥补安全防护系统的不足。

十一、堡垒机系统建设

本次建立运维安全管理系统，实现全局的策略管理、统一访问 Portal 页面、集中身份认证、统一授权及认证请求转发等功能，对系统资源账号、维护操作实施集中管理、访问认证、集中授权和操作审计。

通过本次安全运维管控系统的建设，最终达到以下目标：

①通过运维安全管控系统的建设为系统资源运维人员提供统一的入口，支持统一身份认证手段。在完成统一认证后，根据账号所具有访问权限发布、管理、登录各个主机、网络设备、数据库。

②系统应根据“网络实名制”原则记录用户从登录系统直至退出的全程访问、操作日志，并以方便、友好的界面方式提供对这些记录的操作审计功能。

③系统应具备灵活的管理和扩展能力，系统扩容时不会对系统结构产生较大影响。

④系统应具备灵活的授权管理功能，可实现一对一、一对多、多对多的用户授权。

十二、IT 运维管理设计

安全运维管理系统专门为组织解决支撑关键业务的网络、主机、应用系统运行监控而设计，在设计上遵循国际 IT 服务管理标准——ITIL 标准。

1. 网络设备监控

◎思科、华为、3Com、北电。

◎监控网络设备 CPU、内存。

◎监控网络线路的连通性、响应时间、流量、带宽利用率、广播包、错包率、丢包率等。

2. 主机系统监控

◎支持主流操作系统的主机监控，包括 Windows 服务器、Linux 服务器、

SCO UNIX、True64、AIX、Solaris、HP-UX。

◎监控主机设备的CPU、内存、磁盘、文件系统、网络接口状态和流量、对外提供的服务状态和响应时间、进程的CPU和内存。

3. 数据库系统监控

◎支持主流数据库系统的监控，包括SQL Server、DB2、Oracle、Sybase、Mysql、Informix。

◎监控数据库系统的服务状态，数据库服务主要进程的状态、CPU利用率和内存大小，数据库表空间利用率、日志空间利用率、并发连接数。

4. 应用系统监控

◎支持主流应用系统的监控，包括WebSphere、Weblogic、IIS、Web服务器、MQ服务器、邮件服务器。

◎监控这些应用系统的主要进程CPU、内存，应用系统的响应时间。

◎可自定义的监控画面。

◎管理员可以根据实际系统和管理理念，自己定义和组织监控画面，包括监控画面之间的层次结构、监控画面内容、监控画面的访问权限。

5. 统一日志监控

◎集中采集所有网络设备、主机设备的系统日志，并将管理员需要关心的日志信息通过告警事件方式及时通知管理员。

十三、操作系统加固设计

随着IP技术的飞速发展，一个组织的信息系统经常会面临内部和外部威胁的风险，网络安全已经成为影响信息系统的关键问题。虽然传统的防火墙等各类安全产品能提供外围的安全防护，但并不能真正彻底地消除隐藏在信息系统的安全漏洞隐患。信息系统的各种网络设备、操作系统、数据库和应用系统存在大量的安全漏洞，比如安装、配置不符合安全需求，参数配置错误，使用、维护不符合安全需求，被注入木马程序，安全漏洞没有及时修补，应用服务和应用程序滥用，开放不必要的端口和服务等等。这些漏洞会成为各种信息安全问题的隐患。一旦漏洞被有意或无意地利用，就会对系统的运行造成不利影响，如信息系统被攻击或控制，重要资料被窃取，用户数据被篡改，隐私泄露乃至金钱上的损失，网站拒绝服务。面对这样的安全隐患，安全加固是一个比较成熟的解决方案。

安全加固就像是给一堵存在各种裂缝的城墙进行加固，封堵上这些裂缝，使城墙固若金汤。实施安全加固就是消除信息系统存在的已知漏洞，提升关键服务器、核心网络设备等重点保护对象的安全等级。安全加固主要是针对网络与应用系统的加固，是在信息系统的网络层、主机层和应用层等层次上建立符合安全需求的安全状态。安全加固一般会参照特定系统加固配置标准或行业规范，根据业务系统的安全等级划分和具体要求，对相应信息系统实施不同策略的安全加固，从而保障信息系统的安全。

具体来说，安全加固主要包含以下几个环节：

①系统安全评估：包括系统安全需求分析、系统安全状况评估。安全状况评估利用大量安全行业经验、漏洞扫描技术和工具，从内部、外部对企业信息系统进行全面的评估，确认系统存在的安全隐患。

②制订安全加固方案：根据前期的系统安全评估结果制订系统安全加固实施方案。

③安全加固实施：根据制定的加固方案，对系统进行安全加固，并对加固后的系统进行全面的测试，确保加固对系统业务无影响，并达到安全提升的目的。安全加固操作涉及的范围比较广，比如正确安装软硬件、安装最新的操作系统和应用软件的安全补丁、操作系统和应用软件的安全配

置、系统安全风险防范、系统安全风险测试、系统完整性备份、系统账户口令加固等等。在加固的过程中，如果加固失败，则根据具体情况，要么放弃加固，要么重建系统。

十四、数据安全系统建设

数据库防火墙技术是针对关系型数据库保护需求应运而生的一种数据库安全主动防御技术，数据库防火墙部署于应用服务器和数据库之间。用户必须通过该系统才能对数据库进行访问或管理。数据库防火墙所采用的主动防御技术能够主动实时监控、识别、告警、阻挡绕过企业网络边界（FireWall、IDS\IPS 等）防护的外部数据攻击以及来自内部的高权限用户（DBA、开发人员、第三方外包服务提供商）的数据窃取、破坏、损坏等，从数据库 SQL 语句精细化控制的技术层面，提供一种主动安全防御措施，并且，结合独立于数据库的安全访问控制规则，帮助用户应对来自内部和外部的数据安全威胁，主要功能如下：

①屏蔽直接访问数据库的通道：数据库防火墙部署于数据库服务器和应用服务器之间，屏蔽直接访问的通道，防止数据库隐通道对数据库的攻击。

②二次认证：基于独创的“连接六元组［机器指纹（不可伪造）、IP 地址、MAC 地址、用户、应用程序、时间段］”授权单位，应用程序对数据库的访问，必须经过数据库防火墙和数据库自身两层身份认证。

③攻击保护：实时检测用户对数据库进行的 SQL 注入和缓冲区溢出攻击，并报警或者阻止攻击行为，同时详细审计攻击操作发生的时间、来源 IP、登录数据库的用户名、攻击代码等详细信息。

④连接监控：实时监控所有到数据库的连接信息、操作数、违规数等。管理员可以断开指定的连接。

⑤安全审计：系统能够审计对数据库服务器的访问情况（包括用户名、

程序名、IP 地址、请求的数据库、连接建立的时间、连接断开的时间、通信量大小、执行结果等等信息），并提供灵活的回放日志查询分析功能，并可以生成报表。

⑥审计探针：本系统作为数据库的防火墙，还可以作为数据库审计系统的数据获取引擎，将通信内容发送到审计系统中。

⑦细粒度权限控制：按照 SQL 操作（类型包括 Select、Insert、Update、Delete）、对象拥有者及基于表、视图对象、列进行权限控制。

⑧精准 SQL 语法分析：高性能 SQL 语义分析引擎，对数据库的 SQL 语句操作，进行实时捕获、识别、分类。

⑨自动 SQL 学习：基于自学习机制的风险管控模型，主动监控数据库活动，防止未授权的数据库访问、SQL 注入、权限或角色升级、对敏感数据的非法访问等。

⑩透明部署：无须改变网络结构、应用部署、应用程序内部逻辑、前端用户习惯等。

第七章　网络安全运维

随着信息化的发展，各单位网络架构越来越复杂，信息系统越来越多，数据安全问题尤为重要。网络安全运维是整个网络安全生命周期的重要环节，是指在信息、信息系统、信息基础设施和网络交付使用以后，以安全框架为基础，以安全策略为指导，依托成熟的运维管理体系，配备安全运维人员和工具，以有效和高效的技术手段，对保障信息、信息系统、信息基础设施和网络进行运行监测和安全维护，以确保其安全。网络安全运维主要包括环境管理、资产管理、介质管理、设备维护管理、网络和系统安全管理、配置管理、变更管理、备份和恢复管理等。

第一节　建立安全运维组织

一、安全运维监控中心

基于关键业务点面向业务系统可用性和业务连续性进行合理布控和监测，以关键绩效指标指导和考核信息系统运行质量和运维管理工作的实施和执行，帮助用户建立全面覆盖信息系统的监测中心，并对各类事件做出快速、准确的定位和展现，实现对信息系统运行动态的快速掌握，以及运行维护管理过程中的事前预警、事发时快速定位。其主要包括：

集中监控：采用开放的、遵循国际标准的、可扩展的架构，整合各类监控管理工具的监控信息，实现对信息资产的集中监视、查看和管理的智能化、可视化监控系统。监控的主要内容包括：基础环境、网络、通信、安全、主机、中间件、数据库和核心应用系统等。

综合展现：合理规划与布控，整合来自各种不同的监控管理工具和信息源的信息，进行标准化、归一化的处理，并进行过滤和归并，实现集中、综合的展现。

快速定位和预警：经过同构和归并的信息，将依据预先配置的规则、事件知识库、关联关系进行快速的故障定位，并根据预警条件进行预警。

二、安全运维告警中心

基于规则配置和自动关联，实现对监控采集、同构、归并的信息的智能关联判别，并综合展现信息系统中发生的预警和告警事件，帮助运维管理人员快速定位、排查问题所在。

同时，告警中心提供多种告警响应方式，内置与事件响应中心的工单和预案处理接口，可依据事件关联和响应规则的定义，触发相应的预案处理，实现运维管理过程中突发事件和问题处理的自动化和智能化。主要包括：

事件基础库维护：基础事件库是事件知识库的基础定义，内置大量的标准事件，按事件类型进行合理划分和维护管理，可基于事件名称和事件描述信息进行归一化处理的配置，定义了多源、异构信息的同构规则和过滤规则。

智能关联分析：借助基于规则的分析算法，对获取的各类信息进行分析，找到信息之间的逻辑关系，结合安全事件产生的网络环境、资产重要程度，对安全事件进行深度分析，消除安全事件的误报和重复报警。

综合查询和展现：实现了多种视角的故障告警信息和业务预警信息的查询和集中展现。

告警响应和处理：提供了事件生成、过滤、短信告警、邮件告警、自动派发工单、启动预案等多种响应方式，内置监控界面的图形化告警方式；提供了与事件响应中心的智能接口，可基于事件关联响应规则自动生成工单并触发相应的预案工作流进行处理。

三、安全运维事件响应中心

借鉴并融合了 ITIL（信息系统基础设施库）/ITSM（IT 服务管理）的先进管理规范和最佳实践指南，借助工作流模型参考等标准，开发图形化、可配置的工作流程管理系统，将运维管理工作以任务和工单传递的方式，通过科学的、符合用户运维管理规范的工作流程进行处置，在处理过程中实现电子化的自动流转，无需人工干预，缩短了流程周期，减少人工错误，并实现对事件、问题处理过程中的各个环节的追踪、监督和审计。包括：

图形化的工作流建模工具：实现预案建模的图形化管理，简单易用的预案流程的创建和维护，简洁的工作流仿真和验证。

可配置的预案流程：所有运维管理流程均可由用户自行配置定义，即可实现 ITIL/ITSM 的主要运维管理流程，又可根据用户的实际管理要求和规范，配置个性化的任务、事件处理流程。

智能化的自动派单：智能的规则匹配和处理，基于用户管理规范的自动处理，缩短事件、任务发起到处理的延时，减少人工派发的误差。

全程的事件处理监控：实现对事件响应处理全过程的跟踪记录和监控，根据 ITIL 管理建议和用户运维要求，对事件处理响应时限和处理时限的监督和催办。

事件处理经验的积累：实现对事件处理过程的备案和综合查询，帮助用户在处理事件时查找历史处理记录和流程，为运维管理工作积累经验。

四、安全运维审核评估中心

该中心提供对信息系统运行质量、服务水平、运维管理工作绩效的综合评估、考核、审计管理功能。包括：

评估：遵循国际和国内标准及指南建立平台的运行质量评估框架，通过评估模型使用户了解运维需求、认知运行风险、采取相应的保护和控制，有效保证信息系统的建设投入与运行风险的平衡，系统保证信息化建设的投资效益，提高关键业务应用的连续性。

考核：为了在评价过程中避免主观臆断和片面随意性，应实现工作量、工作效率、处理考核、状态考核等功能。

审计：是以跨平台多数据源信息安全审计为框架，以电子数据处理审计为基础的信息审计系统。主要包括系统流程和输入输出数据以及数据接口的完整性、合规性、有效性、真实性审计。

五、以信息资产管理为核心

IT 资产管理是全面实现信息系统运行维护管理的基础，提供丰富的 IT 资产信息属性维护、备案管理以及对业务应用系统的备案和配置管理。

基于关键业务点配置关键业务的基础设施关联，通过资产对象信息配置丰富业务应用系统的运行维护内容，实现各类 IT 基础设施与用户关键业务的有机结合以及全面的综合监控。

①综合运行态势：全面整合现有各类设备和系统的各类异构信息，包括网络设备、安全设备、应用系统和终端管理中各种事件，经过分析后的综合展现界面注重对信息系统的运行状态、综合态势的宏观展示。

②系统采集管理：以信息系统内各种 IT 资源及各个核心业务系统的监控管理为主线，采集相关异构监控系统的信息，通过对不同来源的信息数据的整合、同构、规格化处理、规则匹配，生成面向运行维护管理的事件数据，实现信息的共享和标准化。

③系统配置管理：从系统容错、数据备份与恢复和运行监控三个方面着手建立自身的运行维护体系，采用平台监测器实时监测、运行检测工具主动检查相结合的方式，构建一个安全稳定的系统。

第二节　运维服务管理对象

运维服务管理对象包括基础设施、应用系统、用户、供应商、运维部门和人员，具体内容如下：

①基础设施包括运营指挥中心和基础数据中心的网络、主机系统、存储/备份系统、终端系统、门禁系统、视频监控系统、电源系统、消防系统、防雷系统以及机房动力环境监测系统等。

②应用系统包括城市运行管理平台、公共信息平台网站、运维监测软件、面向企业和组织的应用系统、面向公众的应用系统等。

③用户包括使用城市运行管理平台、基础数据中心和公共信息平台的用户。

④供应商包括基础设施和应用系统的供应商以及运维服务的供应商。

⑤运维部门和人员包括相关企业参与组织管理运维活动的相关部门和人员，以及提供运维服务的企业和相关人员。

第三节　安全运维服务内容

一、环境管理

应建立机房管理制度，组织机房管理，提高机房安全保障水平，确保机房安全，通过对机房出入、值班、设备进出等进行管理和控制，防止对机房内部设备的非授权访问和信息泄露。

1. 机房出入管理

确定机房的第一责任人，所有外来人员进入机房必须填写“机房进出申请表”，且经过第一责任人或授权人书面审批后方可进入。审批后的机房进入人员由当日的值班人员陪同，并登记《机房出入管理登记簿》，记录出入机房时间、人员、操作内容和陪同人员。内部人员无须审批可直接进入机房，但须使用自己的门禁卡刷卡，严禁借用别人门禁卡进入。机房工作人员严禁违章操作，严禁私自将外来软件带入机房使用。相关设备移入、移出机房应经过责任人审批并留有记录。严禁在通电的情况下拆卸、移动计算机等设备和部件。

2. 机房环境管理

保持机房整齐清洁，各种机器设备按维护计划定期进行保养，保持清洁光亮，至少每月由信息中心协调清洁人员清洁一次灰尘。清洁期间当日值班人员必须全程陪同，防止清洁人员误操作。

定期（至少每季度一次）检查机房消防设备器材，并做好检查记录。

定期对空调系统运行的各项性能指标（如风量、温升、湿度、洁净度、温度上升率等）进行测试，并做好记录，通过实际测量各项参数发现问题并及时解决，保证机房空调的正常运行。

机房内禁止随意丢弃存储介质和有关业务保密数据资料，对废弃存储介质和业务保密资料要及时销毁，不得作为普通垃圾处理。严禁机房内的设备、存储介质、资料、工具等私自出借或带出。

机房内严禁堆放与机房设备无关的杂物，避免造成安全隐患。

机房内应保持清洁，严禁吸烟、喝水、吃东西、乱扔杂物、大声喧哗。机房禁止放置易燃、易爆、腐蚀、强磁性物品。

禁止将机房内的电源引出挪作他用，确保机房安全。

未经许可，机房内严禁摄影、摄像。

机房内机柜、设备未经许可，不得任意改动；如果已获得许可，需详细记录改动后的情况。

进入机房工作的人员有责任在工作完成后及时清理工作场地、清除垃圾、做好设备标签、关闭机柜柜门。

3. 机房值班管理

机房值班员由内部人员当日轮值值班员负责。机房值班人员应具有高度责任心，做到不迟到、不早退、不擅离职守。

机房安装的监控设备由专人监控，值班人员须及时对可疑情况排查、确认。

机房值班人员应按要求及时监控机房内设备，包括网络设备、服务器、存储、安全设备、UPS、空调等设备的运行，发现问题妥善解决，并向相关岗位管理员报告。

值班人员负责当日的机房管理、安全检查；发现问题应及时报告相应系统或设备管理员，可协助初步处理网络、服务器及其他各类设备的技术问题，并做好处理记录。

值班人员须按照事先确定的巡检频率定时巡检机房（每日至少一次），并填写“机房巡检记录单”。

二、资产管理

组织应根据国家法律法规、行业要求、自身业务目标等识别信息生命周期（包括信息的创建、处理、存储、传输、删除和销毁）中相关的重要资产，并根据这些资产形成一份统一的信息资产清单。资产清单应至少包括资产类别、信息资产编号、资产现有编号、资产名称、所属部门、管理者、使用者、地点等相关信息。资产清单应有人负责进行维护，保证实时更新。

组织应建立资产安全管理制度，使拥有资产访问权限的人员意识到他们使用信息处理设施是需要按照制度流程使用的，并且要对因使用不当造成的后果负责，确保组织资产管理顺利开展。

关于资产的分类，原则上可以分为硬件（设备、存储设备、网络设备、安全设备、传输介质等）、软件（系统软件、应用软件等）、电子数据（源、数据、各种数据资料、系统文档、运行管理规程、计划等）、实体信息（纸质的各种文件，如传真、电报、财务报告、发展计划、合同、图纸等）、基础设施（UPS、空调、保险柜、文件柜、门禁、消防设施等）、人员（各级领导、正式员工、临时雇员等）。

此外，还需要对收集的资产进行分级，按照信息资产的公开和敏感程度，以及信息资产对系统和组织的重要性，建议按照如下原则进行分级：

对于文档（含电子文档与纸质文档）、介质类的数据载体，按照承载信息本身的公开和敏感程度，该类信息资产可划分为“工作秘密”“内部公开”“外部公开”三级，针对不同级别的资产标识不同的保护等级。

对于其他物理设备，按照其对系统和组织的重要程度，该类信息资产可划分为“关键资产”“重要资产”“普通资产”三级，针对不同级别的资产标识不同的防护等级。

另外，还需要对不同类型的资产设置对应的使用规范。

三、介质管理

制定信息资产存储介质的管理规程，防止资产遭受未授权泄露、修改、移动或销毁以及业务活动的中断，对介质进行管理控制和物理的保护。

1. 介质标识

介质标识应贴在容易看到的地方，此标签必须在介质的表面上出现。

介质必须全面考虑介质分类标签的需求，如磁带、磁盘及其他介质等应有不同的分类标签。

介质标识一般至少应包含存储内容描述、创建日期、创建人、安全级别、责任人、存储位置等信息，统一做记录。

介质应根据所承载的数据和软件的重要程度对其加贴标识并进行分类，存储在由专人管理的介质库或档案室中，防止被盗、被毁以及信息的非法泄漏，必要时应加密存储。

2. 介质传递

介质在传递过程中，须采用一定的防篡改方式，防止未授权的访问。

如果介质中含有敏感信息，在被对外或内部传递时，必须放在标记的密封套子或是包装盒中，对介质中的信息进行加密，并亲自交付或安排专门的人员负责运送，含有秘密信息的存储介质在传递过程中必须亲自交给接受方。

敏感信息被传递到外部时，内部的标签需要明确标记为敏感信息，外盒或封套不标记内部信息字样，由介质保管者确定是否满足包装要求，并在介质授权人批准授权后方可带出。发送给外部的介质必须得到正确的追踪。

介质使用者应根据工作范围划分使用级别，严格控制使用权，严禁非法、越权使用。

介质需统一存储在介质管理库中并统一登记，必须明确记录介质的转移和使用。

3. 介质访问

存储设备的使用人员在安装和使用时必须防止未授权的访问；介质需提供给第三方使用时，应先进行审批登记。

必须对所有介质的出库和入库及其存储记录进行控制，如要从库中移出，由申请人或申请部门填写“介质进出记录表”。对标记为限制类的介质需经过领导和该介质所属业务部门领导签字同意，对标记为涉密的介质需由高级管理层以上负责人签字同意，方可移出。该记录表至少保存 1 年以上，以备库存管理和审计。

所有含有敏感信息的介质必须做好保密工作，禁止任何人擅自带离；如更换或维修属于合作方保修范围内的损坏介质，需要和合作方签订保密协议，以防止泄漏其中的敏感信息。

访问介质必须要有授权，并在介质管理人员处进行登记，填写“介质使用授权表”。

使用者应对介质的物理实体和数据内容负责，使用后应及时交还介质管理员，并进行登记。

4. 介质保管

存储介质应保存在安全的物理环境下（如：防火、电力、空调、湿度、静电及其他环境保护措施）；每年组织专门人员对物理环境的安全性进行评估，以确保存储环境的安全性。

涉及业务信息、系统敏感信息的可移动介质应当存放在带锁的屏蔽文件柜中，对于重要的数据信息还需要做到异地存放，其他可移动介质应存放在统一的位置。

任何的介质盘点与检查出现差异必须报告给部门负责人，并且介质库房的所有介质，包括打开过的、格式化过的、擦除过的空白带都必须包括在清单盘点中，对介质负责的管理者必须对所有的清单文档签字确认。

5. 介质销毁

使用者认为不能正常记录数据的介质，必须由使用者提出报废介质申请，由安全管理员进行测试后提出处理意见，报部门负责人批准后方可进行销毁。

如果第三方通过介质提供信息，并要求返还介质时，应保证介质内容已经被删除并不可恢复。

长期保存的介质，应定期进行重写，防止保存过久造成数据丢失。

超过数据保存期的介质，必须经过特殊清除处理后才能视为空白介质。

对于需要送出维修或销毁的介质，应首先处理介质中的数据，防止信息泄漏。

介质销毁必须由安全管理员和使用部门组织实施，并填写“介质销毁记录表”。其他单位或个人不得随意销毁或遗弃介质。

对于保存待销毁介质的容器，应进行上锁或加封条等操作，防止介质被重新访问或使用。

6. 移动介质管理

根据业务需要给工作人员发放U盘、移动硬盘等移动介质仅作为业务需要之用。

工作人员不得将组织发放的移动介质用于非工作用途。

使用移动介质必须先进行病毒扫描。

工作人员私人移动介质不得存储敏感信息。

四、设备维护管理

建立设备维护管理制度，更好地发挥计算机信息化的作用，促进办公自动化、信息化的发展。

应指定专人负责IT设备的外观保洁、保养和维护等日常管理工作。指定管理人员必须经常检查所管IT设备的状况，保持设备的清洁、整齐，及时发现和解决问题。

IT设备使用者应保持设备及其所在环境的清洁。严禁在旁存放易燃品、易爆品、腐蚀品和强磁性物品。严禁在键盘附近放置水杯、食物，防止异物掉入键盘。

指定管理人员要定期对设备进行维护。发现或发生故障时，使用者应及时与信息中心联系，设备使用人首先确保对数据、信息自行备份。

当IT设备无法自行维修时，如设备在保修期内，由信息中心直接与供应商联系维修事宜；如设备已过保修期需要报请外修时，信息中心要及时查明原因，填写“IT设备维修申请单”，经负责人审批后联系维修事宜。

外包人员对IT设备进行维修时，信息中心指派人员陪同。若确实需要将含有敏感信息的设备送至组织以外的地方进行维修，需要信息中心审批，经信息备份与清除处理后方可将设备带出并与维修方签订保密协议。

如IT设备经鉴定无法维修，或修理费用相当于或超过购置相同或相似规格的新产品时，对无法维修的IT设备作报废处理，未到报废期限的设备，经信息中心批准后作待报废处理。

当IT设备需要报废时，由申请报废的部门填写“IT设备报废申请单”，信息中心根据设备管理相关规定进行审批。

由申请报废的部门凭批准后的“IT设备报废申请单”将报废设备交由信息中心进行信息资源回收处理，含有涉密或敏感信息的存储介质需要进行数据清除，并按照保密相关规定进行报废，避免信息泄露。

五、网络和系统安全管理

制定网络和系统安全管理制度，建立健全的IT系统安全管理责任制，提高整体的安全水平，保证网络通信畅通和IT系统的正常运营，提高网络服务质量，确保各类应用系统稳定、安全、高效运行。

1. 网络运行管理

网络资源命名按信息中心规范进行，建立完善的网络技术资料档案（包括：网络结构、设备型号、性能指标等）。

重要网络设备的口令要定期更改（周期应不超过 3 个月），一般要设置 8 个字符以上，并且应包含大写字母、小写字母、数字、字符四类中的 3 类以上，口令设置应无任何意义；口令应密封后由专人保管。

需建立并维护整个系统的拓扑结构图，拓扑图体现网络设备的型号、名称以及与线路的链接情况等。

涉及与外单位联网的，应制定详细的资料说明；需要接入内部网络时，必须通过相关的安全管理措施，报主管领导审批后方可接入。

内部网络不得与进行物理连接；不得将有关涉密信息在互联网上发布，不得在互联网上发布非法信息；在互联网上下载的文件需经过检测后方可使用，不得下载带有非法内容的文件、图片等。

尽量减少使用网络传送非业务需要的有关内容，尽量降低网络流量；禁止涉密文件在网上共享。

所有网络设备都必须根据采购要求购置，并根据安全防护等级要求放置在相应的安全区域内或区域边界处，合理设置访问规则，控制通过的应用及用户数据。

2. 运维安全与用户权限管理

仅系统管理员掌握应用系统的特权账号，系统管理员需要填写“系统特权用户授权记录”并由部门领导进行审批，该记录由文档管理员保管留存。

为保证应用系统安全，保证权限管理的统一有序，除另有规定外，各应用系统的用户及其权限，由系统管理员负责进行设置，并汇总形成“用户权限分配表”。

用户权限设置按照确定的岗责体系以及各应用系统的权限规则进行，需遵循最小授权原则。

新增、删除或修改用户权限，应通过运维平台的用户权限调整流程来完成。

加强系统运行日志和运维管理日志的记录分析工作，并定期（至少每季度一次）记录本阶段内的系统异常行为，记录结果填入“系统异常行为分析记录单”。

六、配置管理安全措施

应建立配置管理制度，确保组织内的网络、服务器、安全设备的配置可以得到妥善的备份和保存。如：

检查当前运行的网络配置数据与网络现状是否一致，如不一致应及时更新。

检查默认启动的网络配置文件是否为最新版本，如不是应及时更新。

网络发生变化时，及时更新网络配置数据，并做相应记录。

应实现设备的最小服务配置，网络配置数据应及时备份，备份结果至少要保留到下一次修改前。

对重要网络数据备份应实现异质备份、异址存放。

重要的网络设备策略调整，如安全策略调整、服务开启、服务关闭、网络系统外联、连接外部系统等变更操作必须填写“网络维护审批表”，经信息中心负责人同意后方可调整。

七、变更管理安全措施

建立变更管理制度，规范组织各信息系统需求变更操作，增强需求变更的可追溯性，控制需求变更风险。

1. 变更原则

当需求发生变化，需对软件包进行修改/变更时，首先应和第三方企业/软件供应商取得联系并获得帮助，了解所需变更的可能性和潜在的风险，如项目进度、成本以及安全性等方面的风险。

应按照变更控制程序对变更过程进行控制。

实施系统变更前，应先通过系统变更测试，并提交系统变更申请，由工作小组审批后实施变更，重大系统变更在变更前制定变更失败后的回退方案，并在变更前实施回退测试，测试通过后提交领导小组审批后实施。

2. 系统数据和应用变更流程

信息中心组织审核该项变更，如审核通过，则撰写解决方案，并评估工作量和变更完成时间，经信息中心领导确认后，交系统管理员安排实施变更。

变更流程操作及事项如下。

①系统管理员在需要变更前应明确本次变更所做的操作、变更可能会对系统稳定性和安全性带来的问题以及因变更导致系统故障的处理方案和回退流程。

②将上述信息书面化，并以“变更申请表”的形式提交安全管理员。

③安全管理员对“变更申请表”的内容进行仔细研读，确定变更操作安全可控后，在“安全管理员意见”处签字认可后提交信息中心领导审批。

④信息中心领导对该项变更的风险和工作量进行审核，审核通过后在“领导意见”处签字认可。

⑤系统管理员按照“变更申请表”规定的操作步骤进行配置变更。

⑥变更结束后由系统管理员和安全管理员共同对配置的生效情况、系统

的安全性及稳定性进行验证，验证结束后由系统管理员填写“变更申请表”的系统验证部分，由安全管理员签字确认后提交给网络中心领导审批。

⑦“变更申请表”一式两份，分别由信息中心安全管理员和系统管理员妥善保存。

八、备份与恢复管理

建立数据备份与恢复管理制度，保障组织业务数据的完整性及有效性，以便在发生信息安全事故时能够准确及时地恢复数据，避免业务的中断。

1. 备份范围和备份方式

数据备份范围包括重要系统、系统配置文件、数据文件。

备份方式有完全备份（Full）、增量备份（Cumulative Incremental）、差量备份（Differential Backup）和数据库日志备份（Transation log Incremental）。

完全备份：完全备份是执行全部数据的备份操作，这种备份方式的优点是可以在灾难发生后迅速恢复丢失的数据，但对整个系统进行完全备份会导致存在大量的冗余数据，因此这种备份方式的劣势也显而易见，如磁盘空间利用率低、备份所需时间较长等。

增量备份：增量备份只会备份较上一次备份改变的数据，因此较完全备份方式可以大大减少备份空间，缩短备份时间。但在灾难发生时，增量备份的数据文件恢复起来会比较麻烦，也降低了备份的可靠性。在这种备份方式下，每次备份的数据文件都具有关联性，其中一部分数据出现问题会导致整个备份不可用。

差量备份：差量备份的备份内容是较上一次完全备份后修改和增加的数据，这种备份方式在避免以上两种备份方式缺陷的同时，保留了它们的优点。按照差量备份的原理，系统无需每天做完全备份，这大大减少了备份空间，也缩短了备份时间，并且用差量备份的数据在进行灾难恢复时非常方便，管理员只需要完全备份的数据和上一次差量备份的数据就可以完成系统的数据恢复。

各系统管理员根据自己负责系统的具体情况选择备份方式，基本原则是：保证数据的可用性、完整性和保密性均不受影响，且能够保证业务的连续性。

2. 存储备份系统日常管理

存储备份系统由信息中心安排专人负责管理和日常运行维护，禁止不相关人员对系统进行操作。系统集成商或原厂商须经许可方可进行操作，并要服从管理，接受监督和指导。

任何人员不得随意修改系统配置、恢复数据，如需修改、恢复，须严格执行审批流程，经批准后方可操作。

对系统的变更操作须在系统配置文档中进行记录。

重要系统的数据必须保证至少每周做一次全备份，每天做一次增量备份。

定期（每年）对备份恢复工作进行测试，以确保备份数据的可恢复性。

当存储备份系统出现告警或工作不正常，应用系统无法访问、系统不能备份时，应立即启动应急预案，恢复系统正常运行，并及时上报。

系统需定期（每半年）进行一次健康检查，检查内容及工作方案由系统管理员配合系统集成商和原厂商制定，经批准后方可执行，并提交详细的定检报告。

第四节　运维安全保障措施

1. 应用安全

（1）服务器报警策略

报警策略管理是防止集群中的服务器某个压力值过高或者过低而造成集群性能的降低，通过报警策略的设定，管理可以及时察觉每个服务器的故障并进行及时修正，保证集群最有效的工作状态。管理员可以根据服务器的不同应用，通过报警策略的类型、极限参数和警告内容的设置，将报警策略赋予服务器，并产生报警日志。

（2）用户密码策略

密码策略用于应用接入平台用户身份模块中的用户账户。它确定用户账户密码设置，例如密码复杂度、密码历史等设置。

（3）用户安全策略

用户安全策略用于应用接入平台权限设置。它确定用户身份权限设置，例如能访问服务器的哪个磁盘、此用户身份能运行哪个业务程序等设置。

（4）访问控制策略

管理员通过访问控制策略来限定用户和客户端计算机以及时间等因素的绑定来实现用户安全访问应用程序的设置。

（5）时间策略

通过对访问该应用程序及使用的用户身份进行时间限制，从而提升对发布的应用程序的访问安全，使其只能在特定时间被确认身份的用户所使用。防止被恶意用户不正当访问。

2. 备份安全

备份安全指遵照相关的数据备份管理规定，对组织内平台和系统的数据信息进行备份安全和还原操作，根据数据的重要性和应用类别，把需要备份的数据分为数据库、系统附件、应用程序三部分。

每周检查备份系统的备份结果，处理相关问题。包括备份系统状态、备份策略检查，对备份策略以及备份状态进行调优，主要服务器变更、应用统一接入等。

3. 防病毒安全

导出防病毒安全检查报告，对有风险和中毒的文件与数据进行检查，对病毒信息和数据进行分析处理，定期检测病毒，防止病毒对系统造成影响。

4. 系统安全

定期修改系统 Administrator 密码：主要包括 AD、Cluster、服务器密码。

安装操作系统补丁，系统重启，应用系统检查测试。

数据库的账号、密码管理，保证数据库系统安全和数据安全。

对系统用户的系统登录、使用情况进行检查，对系统日志进行日常审计。

5. 主动安全

监控服务器、存储设备、网络交换设备、安全设备的配置与管理，核实端对端监控检查结果，处理相应问题。

信息化所有系统需有详尽故障应急预案。

定期进行相关应急演练，并形成演练报告，保证每年所有的平台系统和关键服务器都至少进行一次演练。

根据应急演练结果更新应急预案并保留更新记录，记录至少保留3年。

6. 系统及网络安全

根据组织的安全及分析需求，提供流量分析服务支撑，对各系统性能提供全面分析，并提供优化建议及方案。

根据组织信息化系统安全，建立应用分析的日志分析服务，并针对日志进行全面分析。对系统的安全、保障提供优化建议及优化方案。

提供流量分析和应用分析，提供多个专题分析报告，并根据报告提供具体的实施方案及优化手段。

根据优化建议及方案，对平台及网络进行安全整改，以全面提升平台的性能、安全，解决瓶颈。

7. 防篡改防攻击

网页文件保护，通过系统内核层的文件驱动，按照用户配置的进程及路径访问规则。

设置网站目录、文件的读写权限，确保网页文件不被非法篡改。

网络攻击防护，Web核心模块对每个请求进行合法性检测，拒绝非法请求或恶意扫描。

请求进行屏蔽，防止SQL注入式攻击。

集中管理，通过管理服务器集中管理多台服务器，监测多主机实时状态，制定保护规则。

安全网站发布，使用传输模块从管理服务器的镜像站点直接更新受保护的网站目录，数据通过 SSL 加密传输，杜绝在传输过程中被篡改的可能。

网站备份还原，通过管理控制端进行站点备份及还原。

网页流出检查，在请求浏览客户端请求站点网页时触发网页流出检查，对被篡改的网页进行实时恢复，再次确保被篡改的网页不会被公众浏览。

实时报警、系统日志、手机短信、电子邮件多种方式提供非法访问报警。

管理员权限分级，可对管理员及监控端分配不同的权限组合。

日志审计，提供管理员行为日志，监控端保护日志查询审计。

对站点主机进行监控，对 CPU、内存、流量作统计，以便实时监控站点服务器的运作情况。

站点系统账号监控，对站点服务器的账号进行监控，对账号的修改、添加等改动有阻拦和日志记录及报警，使站点服务器更加安全。

8. 合理授权

合理授权：对 IT 管理支撑应用系统及其相关资源的访问设定严格的授权审批机制，确保 IT 管理支撑应用系统的安全性。

为了保证组织 IT 管理支撑应用系统的安全性，确保相关 IT 资源的访问经过合理授权，所有 IT 管理支撑应用系统及其相关资源的访问必须遵照申请→评估→授权的合理授权管理流程。

需要合理授权的 IT 资源包括但不局限于应用系统的测试环境、程序版本管理服务器、正式环境（包括应用服务器和数据服务器等）。

申请：由访问者提交书面的“访问申请表”（书面访问申请表，包括但不局限于纸质、Word 文档以及电子邮件等），由安全管理员（一般是系统管理员或者专职的安全管理员）进行风险评估。

评估：安全管理员对接到的访问申请书进行风险评估，并根据访问者及被访问 IT 资源的具体情况，进行灵活处理。

授权：在访问申请表通过安全风险评估后，安全管理员会对访问者进行合理授权。原则上，对程序版本管理服务器和正式环境的访问申请，安全管理员必需根据有关管理流程给出正式授权，以满足安全审计的要求。

各系统超级管理员账号的分配，必须由系统负责人员提出书面申请，申请内容应包括系统名称、账号、账号有效期、账号使用负责人、账号权限等内容，由部门副经理或以上的管理人员进行审核批准后，超级管理员账号方可生效。

系统超级管理员密码设置应符合本管理办法中用户密码管理的相关规则；各系统应最少每 90 天对超级管理员账号进行审查，并且将审查结果写入书面记录，由运维管理部门主管或以上管理人员审核存档。

各应用层超级管理员账号的分配，必须由系统负责人员提出书面申请，申请内容应包括应用系统名称、账号、账号有效期、账号使用负责人、账号权限等内容，由部门副经理或以上的管理人员进行审核批准后，超级管理员账号方可生效。

应用层超级管理员密码设置应符合本管理办法中用户密码管理的相关规则；各系统应最少每 90 天对超级管理员账号进行审查，并且将审查结果写入书面记录，由部门副经理或以上管理人员审核存档。

为了保证账号安全管理，各系统应最少每 90 天对本系统涉及的账号（包括各类管理员账号和普通用户账号）进行检查，对已经超过有效期的账号进行清理，对不符合管理规范的账号进行补充授权与审批。

各系统私有测试账号和代维人员账号：由各系统管理员自行管理。

9. 安全隔离

安全隔离的定义：安全隔离是指对 IT 应用系统的相关数据（包括应用系统的程序代码、数据文件等）进行逻辑隔离、物理隔离等，以确保应用系统的安全性。

对安全等级为机密的 IT 应用系统（包括但不局限于企业内部的机密档案信息等），我们需要对其有关数据进行物理隔离，以提高应用系统的安全防范能力；对安全等级为秘密的 IT 应用系统以及应用系统的基础数据（如数据中心的基础数据），需要进行逻辑隔离。系统应用层面的访问必须通过账号进行访问，系统的账号及口令管理参照本规定的账号管理部分。

应用系统管理员或者专职的安全管理员应根据具体应用系统的数据的敏感度制定相应的安全隔离措施，具体措施包括但不限于访问控制列表、安全加固、文件系统权限设定等。

第八章　网络安全应急

网络安全应急是整个网络安全生命周期的重要保障，是指通过安全通告、安全监测、漏洞分析、防御技术等，识别、分析、处置信息、信息系统、信息基础设施和网络存在的安全威胁，收集网络安全情报，并进行安全分析，主动通过渗透攻击和攻防演练等方式评估安全防御措施的有效性，持续完善安全防御措施，并在安全事件发生时快速完成应急响应。主要包括网络安全通告、安全监测与分析、漏洞发现与分析、恶意代码及防护、渗透测试、攻击研判分析、安全溯源和取证、应急响应和攻防演练等。

第一节　安全监测与分析

网络攻击行为呈现出多元化、常态化的特点。漏洞攻击、网页篡改、网页挂马等各种恶意攻击行为层出不穷，各行业客户边界安全和Web应用安全面临严峻挑战。如何及时发现各种网络攻击行为，降低安全事件造成的损失，已成为区域网络安全监测和分析方面的焦点。

为了加强组织针对网络安全事件的预防、监测、分析和应急等能力，落实习总书记“全面加强网络安全检查，摸清家底，认清风险，找出漏洞，通报结果，督促整改”的要求，建立健全区域网络空间探测、监测、预警和响应机制，网络安全监测与分析从以下六个方面进行建设。

①对组织内联网资产台账梳理明晰，实现家底“清”：全面掌握组织网络内的资产情况，掌握不同类型资产的数量，重点类型资产数量情况以及资产的变化趋势，了解重要资产面临的潜在威胁情况。

②及时掌握组织资产的风险状况和风险分布，实现风险“控”；及时全面掌握组织出现的相关风险资产分布、风险类型、影响范围和危害程度等，尤其是关键基础设施风险状况。

③及时探知资产漏洞或新型漏洞，实现漏洞“显”：全面掌握区域内存在的中高危漏洞总量和分布情况，对重点保障目标存在的安全漏洞可及时发现、及时排查和准确定位。

④准确研判安全事件，及时通报，实现通报“准”：建立健全通报预警机制，分析总结网络安全状况及变化趋势，实现安全事件及时研判、及时预警、及时通报。

⑤全面掌控整改情况和整改效果，实现整改“效”：对安全事件整改情况进行复测，验证风险修复及加固效果，对于重大安全问题的整改效果进行把控。

⑥爆发重大安全事件时及时发现和响应，实现应急“迅”：当爆发重大安全事件时，及时监测和发现事件，快速定位事件影响的范围、程度，评估对关键基础设施的影响，并采取有效的应急响应手段，协助客户及时解决安全问题，避免造成严重影响。

第二节　漏洞发现与分析

一、漏洞及漏洞扫描

漏洞是在硬件、软件、协议的具体实现或系统安全策略上存在的缺陷，从而可以使攻击者能够在未授权的情况下访问或破坏系统；是受限制的计算机、组件、应用程序或其他联机资源无意中留下的不受保护的入口点。漏洞扫描是指基于漏洞数据库，通过扫描等手段对指定的远程或者本地计算机系统的安全脆弱性进行检测，发现可利用漏洞的一种安全检测行为。

二、漏洞发现与分析

发现未安装的重要补丁：持续更新的补丁库以及 Agent 探针式的主动扫描，能及时、精准发现系统需要升级更新的重要补丁，帮助用户第一时间发现潜在的可被黑客攻击的危险；深入检测系统中各类应用、内核模块、安装包等各类软件的重要更新补丁，结合系统的业务影响、资产及补丁的重要程度、修复影响情况，智能提供最贴合业务的补丁修复建议。

发现应用配置缺陷导致的安全问题：自动识别应用配置缺陷，通过比对攻击链路上的关键攻击路径，发现并处理配置中存在的问题，大大降低可被入侵的风险。例如，攻击者利用 Redis 应用漏洞的攻击链路针对攻击者的每一步探测，系统均会进行持续性的检测，及时发现并处理某个配置缺陷后，将有效解决潜在安全隐患，阻断攻击者的进一步活动。

快速发现系统和应用的新型漏洞：持续关注国内外最新安全动态及漏洞利用方法，不断推出最新漏洞的检测能力，至今已积累 37000+ 的高价值漏洞库，包括系统 / 应用漏洞、EXP/PoC 等大量漏洞，覆盖全网 90% 安全防护，基于 Agent 的持续监测与分析机制，能迅速与庞大的漏洞库进行比对，精准高效地检测出系统漏洞。

智能化的弱口令检测，支持多种应用：精准检测几十种应用弱密码，覆盖企业常用应用，如 SSH、Tomcat、MySQL、Redis、OpenVPN 等。识别方法以离线破译优先，且识别弱口令后会对没有发生变化的离线弱口令文件哈希入库，如口令未发生新的变更，不再重复对弱口令进行检测。通过分布式的 Agent 对全量主机的弱口令检测，一方面极大地提高工作效率，另一方面对流量及业务的影响也降到了最低。同时，结合企业特征，系统能智能识别更多组合弱口令，支持用户自定义口令字典以及组合弱口令字典，能有效预防被黑客定向破译的风险。

发现运维人员的违规操作：发现由于运维人员的违规操作引起的安全风险，如修改重要配置文件、未设置密码复杂度、/etc/shadow 权限检查、网卡处于混杂模式检查等，并结合黑客的攻击手段，持续检测并暴露这些可能存在威胁的安全隐患，及时通知相关人员进行处理。

第三节　恶意代码及防护

一、恶意代码定义及特征

“恶意代码”通俗来讲是指凡是自身可执行恶意任务并能破坏目标系统的代码。具体可分为计算机病毒（Virus）、蠕虫（Worm）、木马程序（Trojan Horse）、后门程序（Backdoor）、逻辑炸弹（Logic Bomb）等几类。

每类恶意软件所表现出的特征通常都非常类似，以下将从几个方面说明恶意软件的一些典型特征。

①攻击环境组件：一般情况下，恶意代码在攻击宿主系统时所需的组件包括宿主系统、运行平台和攻击目标三个。

②携带者对象：如果恶意代码是病毒，它会试图将携带者对象作为攻击对象（也称为宿主）。可使用的目标携带者对象数量和类型因恶意软件的不同而不同，最常见的恶意代码目标携带者包括可执行文件、脚本和控件、宏、启动扇区和内存等。

③传播途径：在恶意代码传播中主要存在可移动媒体、网络共享、网络扫描、对等（P2P）网络、电子邮件和安全漏洞几种途经。

④入侵和攻击方式：一旦恶意软件通过传输到达了宿主计算机，它通常会执行相应的入侵和攻击，在专业上称之为“负载”操作。入侵和攻击方式可以有许多类型，通常包括后门非法访问、破坏或删除数据、信息窃取、拒绝服务（DOS）和分布式拒绝服务（DDOS）等。

⑤触发机制：恶意软件使用此机制启动复制或负载传递。典型的触发

机制包括手动执行、社会工程、半自动执行、自动执行、定时炸弹和条件执行等几种。

⑥防护机制：恶意软件要实现他们的目的，当然首先要做的就是保护好自己不被用户发现，所采取的防护措施包括装甲、窃取、加密、寡态和多态等几种方式。

二、恶意代码防范管理安全措施

建立防病毒管理制度，对计算机进行预防和治理，进一步做好计算机的预防和控制工作，切实有效地防止病毒对计算机及网络的危害，实现对病毒的持续控制，保护计算机信息系统安全，保障计算机的安全应用。同时，这部分管理制度要与应急管理和变更管理等相结合，防止在应急响应期间或因不正确的变更引入恶意代码。

1. 病毒事件处理办法

终端用户发现病毒必须立刻报告给信息中心，服务器人员发现病毒必须立刻报告给安全管理员，同时使用计算机自带的杀毒软件进行病毒查杀。若防病毒软件对病毒无效且病毒对系统、数据造成较大影响的，相关人员必须立刻联系信息中心安全管理员。

安全管理员必须详细记录下病毒事件发生的时间、位置、种类，数据的损坏情况，硬件的损坏情况以及系统情况并进行查杀处理；对于难以控制的恶性事件，为避免进一步传播，可以将被感染的设备从网络中断开；事后安全管理员必须调查和分析整个事件，并发出适当的警告。

2. 主机和服务器防病毒策略

所有主机和服务器必须有防病毒软件保护，同时对于文件保护不仅限于本地文件，也必须包括可移动存储设备中的文件。防病毒软件必须被设置成禁止用户关闭警报、关闭防护功能和防卸载的措施，所有对防病毒软件的升级都必须是自动的。

3. 网关病毒扫描

目前通过网站传播病毒及恶意软件的现象非常常见，这些病毒和软件利用浏览器可能传播到工作站中。为加强防范效果，应部署一个具有不同防护策略的防病毒网关设备。为了防止恶意软件，所有通过网站端口传输的数据包都必须被防病毒网关实时监控和扫描。

第四节　渗透测试

一、渗透测试定义

渗透测试（Penetration Testing）是由具备高技能和高素质的安全服务人员发起、模拟黑客的真实攻击方法对系统和网络进行非破坏性质的攻击性测试，所有的渗透测试行为将在客户的书面明确授权和监督下进行。渗透测试服务的目的在于充分挖掘和暴露系统的弱点，从而让管理人员了解其系统所面临的威胁。作为风险评估的一个重要环节，渗透测试工作为风险评估提供重要的原始参考数据。

二、渗透测试流程

1. 方案制定

在获得组织的书面授权许可后，进行渗透测试的实施，将实施范围、方法、时间、人员等具体的方案与组织进行交流，并得到组织的认同。在测试实施之前，要做到让组织对渗透测试过程和风险的知晓，使随后的正式测试流程都在组织的控制下进行。

2. 信息收集

信息收集包括：操作系统类型指纹收集、网络拓扑结构分析、端口扫描和目标系统提供的服务识别等。可以采用一些商业和免费安全评估系统进行收集。

3. 测试实施

在规避防火墙、入侵检测、防毒软件等安全产品监控的条件下进行，包括操作系统可检测到的漏洞测试、应用系统检测到的漏洞测试（如Web应用）。此阶段如果成功的话，可能获得普通权限。渗透测试人员可能用到的测试手段有：扫描分析、溢出测试、口令爆破、社会工程学、客户端攻击、中间人攻击等。在获取到普通权限后，尝试由普通权限提升为管理员权限，获得对系统的完全控制权。一旦成功控制一台或多台服务器，测试人员将利用这些被控制的服务器作为跳板，绕过防火墙或其他安全设备的防护，对内网其他服务器和客户端进行进一步的渗透。此过程将循环进行，直到测试完成。最后由渗透测试人员清除中间数据。

4. 报告输出

渗透测试人员根据测试的过程、结果编写直观的渗透测试服务报告。

内容包括：具体的操作步骤描述、响应分析以及最后的安全修复建议。

5. 安全复查

渗透测试完成后，协助业主单位对已发现的安全隐患进行修复。修复完成后，渗透测试工程师对修复的成果再次进行远程测试复查，对修复的结果进行检验，确保修复结果的有效性。

三、渗透测试常用方法

1. SQL 注入漏洞

利用 Web 应用对数据库语言过滤不严格的漏洞，查找注入点并加以利用。通告注入点的利用可以获取到 WebShell 或者向网站页面内注入特定代码、篡改页面内容等。

SQL 注入是从正常的 WWW 端口访问，而且表面看起来跟一般的 Web 页面访问没有什么区别。所以，目前市面上的防火墙都不会对 SQL 注入发出警报，如果管理员没查看 IS 日志的习惯，可能被入侵很长时间都不会发觉。

2. 文件上传

如果目标对象因为业务需要而有网页文件上传的功能的话，如果对文件上传过滤不严谨，可能导致被添加后门。利用上传漏洞可以直接得到 WebShell，风险性极高，上传漏洞是常见的漏洞。

3. 目录遍历

如果目标站点服务器对 Web 服务程序配置不当，则会导致用户可以查看网站的所有目录结构，获取可以利用的信息，如后台路径、数据库路径等信息，如果碰上一些编辑器直接修改文件后产生BAK文件的话，这可以直接查看文件的源码，然后利用该信息，获取WebShell甚至服务器控制权限。

4. XSS跨站攻击

XSS（全称是Cross Site Scripting，意思是跨站脚本），通过该脚本可以诱使用户在不知不觉间泄漏个人信息，甚至中恶意代码。利用获取的COOKIE，经常可在不知道该用户密码的情况下，而使用该用户登录服务器。

5. 弱口令漏洞

常用的弱口令包括系统管理员、数据库管理员、FTP用户、WEB服务后台管理员、MAIL管理员等等，通过这些可以获取WebShell乃至系统权限。

6. 溢出漏洞

溢出包括本地溢出和远程溢出，包括系统本身的溢出以及第三方软件的溢出。通过对溢出漏洞的利用，可获取目标服务器的信息，甚至获取到一个最高权限的shell。

7. 嗅探攻击

如果获取得到目标服务器同一网段的一台服务器，则可以通过sniffer、arp欺骗之类的攻击方式收集信息，或者欺骗目标服务器访问某些含有恶意代码的网站，执行恶意程序，最后获得目标机器的控制权。

8. 拒绝服务攻击

渗透测试所针对的拒绝服务攻击并非指“僵尸主机”式攻击（被攻击者入侵过或可间接利用的主机），而是指因为系统存在拒绝服务的漏洞引发的拒绝服务。很多时候，运行在互联网上的服务器存在多种复杂或者隐蔽的缓存溢出，这种溢出也很容易导致被攻击者利用时产生拒绝服务的后果。渗透测试人员会严格并谨慎地对目标进行缓存查询，通过服务器的回应来判断缓存是否可被利用，一旦缓存可利用。那么，就会告知用户对该问题进行修复。当然，用户知晓后果并且授权利用该问题后，渗透测试人员方可进行下一步溢出，直至产生拒绝服务。

9. DNS 劫持攻击

通过某些手段取得某域名的解析记录控制权，进而修改此域名的解析结果，导致对该域名的访问由原 IP 地址转到修改后的指定 IP，其结果就是对特定的网址不能访问或访问的是假网址，从而达到窃取资料或者破坏原有正常服务的目的。

10. 旁注攻击

旁注，顾名思义是从旁注入。旁注攻击就是通过目标网站所在的主机上存放的其他网站进行注入攻击的方法。通过搜索到当前主机上捆绑的其他站点，入侵者就可能从这些站点找到攻击的入口。旁注实际上是一种思想，一种考虑到管理员的设置和程序的功能缺陷而产生的攻击思路，不是一种单纯的路线入侵方法。旁注也可以用同一个网站上不同的组件之间的注入攻击来进行。

11. 字符集转换并发盲注攻击

字符集转换错误属于类跨站和类 SQL 注入的另外一种攻击形式。很多时候，攻击者发现注入点就意味着就可以完全利用了，但高深的攻击者会利用注入点来实现盲注攻击。盲注攻击的危害性很高。一个精心构造的盲注攻击脚本产生的量变可以导致整个数据库被劫持和篡改，一旦存在盲注（中间件跨越数据不驳回）将产生不可预估的严重后果。总之，盲注是很隐蔽的安全漏洞，均由过滤不严或者过滤失当导致，对于网上交易来说，其危害相当严重，依赖中间件来抵消这种攻击不是一个安全的解决方法。

12. 诱导攻击

诱导攻击是一种新式攻击技巧，属于IE攻击的类型，但有超越IE攻击的高度。诱导攻击是利用报头探针存储转发的形式来获取网络应用的惯性（安全防范）模式，然后利用这种递增的结论来编译诱导脚本，骗取服务器的不可对外信息。

13. 已知漏洞利用

检测目标服务器或应用程序厂商已公开的漏洞，如果发现，将针对该漏洞编译测试EXP程序进行攻击。

14. 其他渗透方法

在测试过程中发现的其他问题以及可用于攻击的手段。

第五节　攻击研判分析

一、攻击研判分析目的

攻击研判分析最终是尝试确定攻击事件的性质（间谍组织、涉政组织、暴恐组织等已知APT组织，或黑/灰产组织等已知其他攻击组织），从业务需求出发解决攻击组织同源性和一致性判定的问题。通过研判现网攻击技术发展方向，以攻促防，为风险识别及威胁对抗提供决策支撑，全面提升安全防护能力。

二、攻击研判分析过程

攻击研判分析可以分为检测、分析、研判三个阶段来开展，各个阶段均可以借助各类安全产品来进行基本应用，例如：检测和分析阶段可使用抗 APT 类、NDR 类产品，能够有效帮助检测发现和基础分析威胁线索；分析和研判阶段则可以使用态势感知类、TIP 威胁情报类产品来进行基础的线索及情报关联；研判阶段还应借助基于攻防经验和威胁情报的知识库，来对威胁事件精确定性。

1. 检测阶段

利用基于流量分析的各类产品来进行 APT 威胁事件和线索的检测，主要包含以下两个方面：

（1）典型 APT 攻击战法检测

可以使用虚拟化沙箱技术、AI 建模分析技术针对流量中鱼叉钓鱼攻击、水坑攻击等典型 APT 攻击技战法进行检测发现。

针对已知 APT 组织常用恶意代码家族攻击，例如邮件投递、文件欺骗下载、WEB 诱导浏览、文件欺诈分享等攻击战法中投递的各类文档、网页和流量报文、网络会话，抗 APT 产品通过内置强大的病毒库、漏洞攻击库、黑客工具库进行静态检测，实时检测各类已知网络漏洞攻击和入侵行为。

针对未知恶意文件攻击，抗 APT 产品将流量还原得到的办公文档和可执行文件放入虚拟执行检测引擎的虚拟环境中执行，根据执行中的可疑行为，综合判定各类含漏洞利用代码的恶意文档、恶意可执行程序及植入攻击行为。

在虚拟化沙箱中诱导恶意代码展现并记录恶意行为后，使用AI建模分析方法（可以使用机器学习算法）对样本在虚拟执行环境中的各种行为进行威胁判定。

（2）APT威胁线索检测

可以通过隐蔽信道、异常协议、异常流量等基于行为分析的、基于模型匹配的威胁线索发现能力，来发现各类APT威胁攻击在非法控制阶段的线索事件。

从历年来APT攻击中所使用的恶意代码的攻击原理和特点来看，特种木马需要与外联的服务端进行实时通信，才能达到窃取敏感信息的目的。那么在通信的过程中，在网络内肯定存在外联的活跃行为，抗APT系统可通过强大的木马通信行为库，基于多手段的流量行为分析检测技术，检测已植入内网的未知威胁，包括动态域名、协议异常、心跳检测、非常见端口、规律域名统计、URL访问统计、流量异常等通过多种通信行为的复合权值，在网络层对未知APT恶意代码的网络通信行为进行实时监控、预警、分析。

从近几年被曝光的APT攻击组织样本来看，其所使用的特种木马、间谍木马等恶意代码，会使用自定义或者加密的协议建立隐蔽通信信道，用以绕过防火墙、IDS等传统安全设备的检测。针对网络流量中的隐蔽信道进行深度分析，通过分析隐蔽信道通信中的流量特征和行为特征，构建相应的检测模型，能够把隐蔽传输的数据从复合流量中分离出来，从而发现一些未知的攻击行为。

2. 分析阶段

分析阶段是需要从检测阶段发现的各种威胁攻击事件/线索中，分析抽取可用于关联分析的元数据，然后通过基于威胁情报的知识库的同源性分析，将威胁事件 / 线索与已知 APT 组织进行快速关联比对。

这类最常用且有效的关联分析方法可以分为以下两种方法：

（1）攻击资源同源性分析

通过分析攻击投递、非法控制两个阶段攻击者采用的攻击载具，抽取相应的元数据，然后通过搜索引擎或威胁情报检测类产品，与各 APT 组织战术类威胁情报中的 IOC 指标进行快速匹配。

攻击载具可抽取的元数据包括但不限于：攻击者邮箱、攻击者邮件发送源 IP、恶意代码模块下载地址、恶意代码家族、恶意代码文件模块 HASH、PDB 路径、文件签名、C&C 服务器域名 /IP 等。通过这些元数据与 APT 组织情报进行关联，就能够快速分析出事件高概率所属的 APT 组织。

（2）恶意代码同源性分析

由于 APT 组织会经常变换 C2 服务器，使得利用威胁情报的可能性大大缩小。但对于长期存在的 APT 组织来说，虽然其使用的恶意代码会经常版本迭代，但很多基础代码和关键函数很少变动，经常能找到关键的关联特征。

本战法就可以采用模糊 HASH 算法、AI 算法（聚类算法）等模型匹配的方式，或者采用人工逆向分析的方式，来比对恶意代码样本的代码与已知 APT 组织常用恶意代码的相似性。

3. 判研阶段

基于以上检测和分析结果，威胁分析人员应对已发现的信息威胁源进行研判，对攻击技术、工具、过程进行综合刻画，判断攻击威胁体现的技术实力。然后再综合攻击者、受害者、动机、攻击后果四个维度进行攻击意图研判。

通过以上研判，最终尝试确定攻击事件的性质（间谍组织、涉政组织、暴恐组织等已知 APT 组织，或黑 / 灰产组织等已知其他攻击组织）。如有需要，还要确定进一步溯源策略，例如反制 C&C 服务器、尝试线上线下身份挖掘等。

第六节　安全溯源与取证

一、溯源与取证的目的

网络攻击溯源技术通过综合利用各种手段主动追踪网络攻击发起者、定位攻击源，结合网络取证和威胁情报，有针对性地减缓或反制网络攻击，争取在造成破坏之前消除隐患。

追踪溯源问题可以分为网络攻击、非网络攻击和供应链威胁三大类问题。对于非网络攻击以及供应链威胁，最终溯源与现实生活中的事件侦查取证问题相类似。网络攻击根据其造成的危害可以分为网络战、网络利用、网络犯罪、暴力攻击及恶意行为滋扰等不同攻击层次。

网络追踪溯源在网络安全中具有十分重要的意义，为网络安全、防范黑客攻击等提供有力的技术保障。

①利用网络追踪溯源技术可及时确定攻击源头，使防御方能够及时地制定、实施有针对性的防御策略，提高网络主动防御的及时性和有效性。

②利用网络追踪溯源技术，使得防御方在确定攻击源后可以通过拦截、隔离、关闭等手段将攻击损害降到最低，保证网络平稳健康地运行。

③利用网络追踪溯源技术，在定位攻击源后，通过多部门配合协调，可将攻击主机进行关闭搜查等，从源头保证网络运行安全。

④利用网络追踪溯源技术可追踪定位网络内部攻击行为，防御内部

攻击。

⑤利用网络追踪溯源技术，可以对各种网络攻击过程进行记录，为司法取证提供有力的保证，威慑网络犯罪。

二、网络追踪溯源层次

网络攻击追踪溯源，按照技术功能可分为被动和主动两类；按照追踪过程网络协作与否，可分为协作与非协作两类追踪溯源技术；而从攻击追踪的深度和精准度上又可将其细分为以下四个层次的追踪。

第一层 : 追踪溯源攻击主机。

第二层 : 追踪溯源攻击控制主机。

第三层 : 追踪溯源攻击者。

第四层 : 追踪溯源攻击组织机构。

三、网络追踪溯源过程

网络追踪溯源的过程描述如图 8-1 所示：网络预警系统发现攻击行为请求追踪，对攻击数据流进行追踪定位，分析确定发送攻击数据的网络设备或主机。确定攻击主机后，通过分析该主机输入输出信息或其系统日志等信息，判定该设备是否被第三方控制，从而导致攻击数据的产生，据此确定攻击控制链路中的上一级控制节点。如此循环逐级追踪，完成第二层追踪溯源。在第二层追踪溯源的基础上，结合语言、文字、行为等识别分析，可以对追踪者进行分析确定，完成第三层次的追踪溯源。在第三层追踪溯源基础上，结合网络空间之外的侦查及情报等信息，判定攻击者的目的、幕后组织机构等信息，实现第四层追踪溯源。

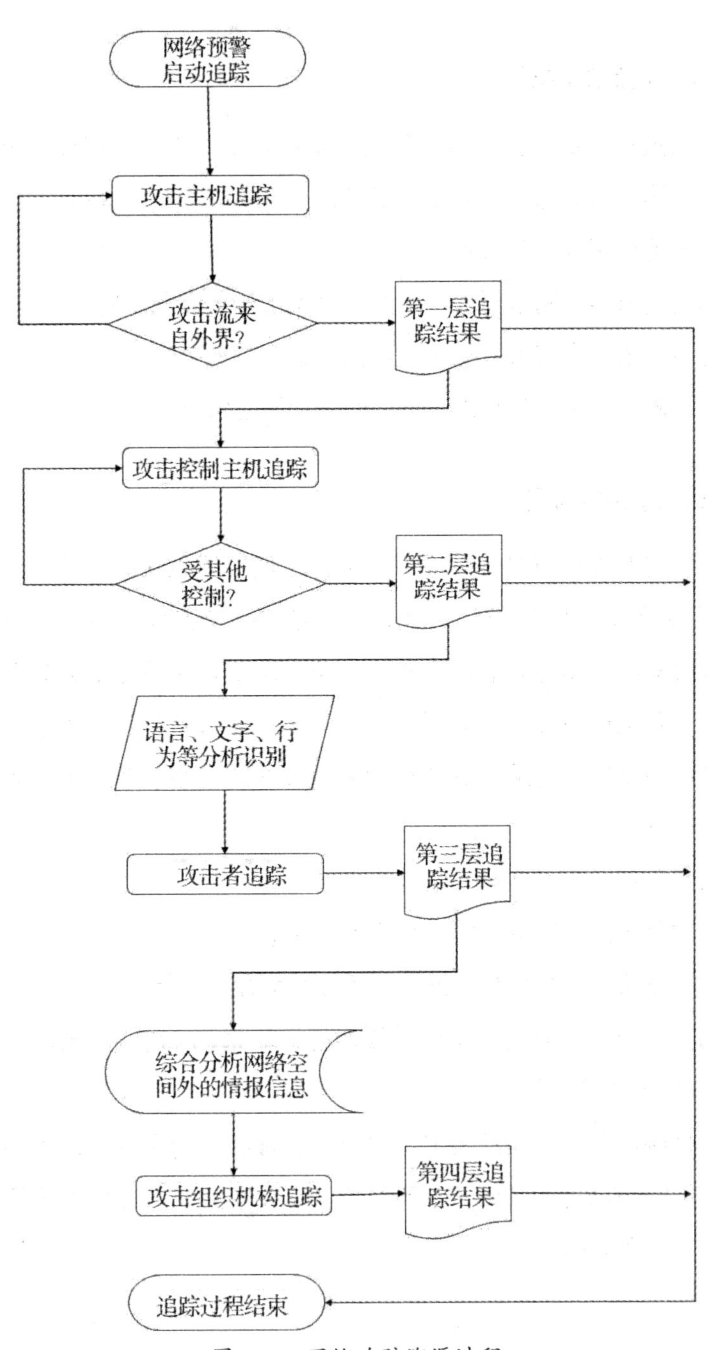

图 8-1　网络追踪溯源过程

1. 第一层追踪溯源

第一层追踪溯源攻击主机的目的是定位攻击主机，即直接实施网络攻击的主机。第一层追踪溯源主要需要考虑以下几个方面的问题：

①能否追踪溯源单包数据？

②当前路由器等网络设备是否能直接支持，不需要改造？

③是否要求预先获取数据包的特征信息？

④追踪溯源过程，是否需要额外的通信机制保障？

2. 第二层追踪溯源

第二层追踪溯源就是沿着事件因果链一级一级地逆向追踪，最终找到真正的(最初的)攻击源主机。攻击源主机指能够发送网络数据的任意设备，不限制于计算机。从追踪者的角度看，第二层追踪溯源是依据数据进行推理的过程。数据的有效性非常重要，什么数据是有效的，取决于追踪者所能控制的网络设备或者说网络设备(网络)的配合程度。反向追踪到上一级主机，主要有：

①内部监测：实时监测主机行为。

②日志分析：分析主机内有效的系统日志。

③快照技术：实时捕获主机当前系统的所有状态信息。

④网络流分析：对进出主机的数据流进行相关分析，实现攻击数据流及其上一级节点的识别。

⑤事件响应分析：追踪者对网络事件施加特有的干预，以观测、分析该事件在网络中的行为变化，对网络行为变化信息进行分析可确认事件的因果关系，实现追踪。

3. 第三层追踪溯源

第三层追踪溯源的目标是追踪定位网络攻击者。要求追踪者必须找到网络主机行为与攻击者（人）之间的因果关系。第三层追踪溯源就是通过对网络空间和物理世界的信息数据分析，将网络空间中的事件与物理世界中的事件相关联，并以此确定物理世界中对事件负责的自然人过程。第三层追踪溯源包含四个环节：

①网络空间的事件信息确认。

②物理世界的事件信息确认。

③网络事件与物理事件间的关联分析。

④物理事件与自然人间的因果确认。

第一个环节，通过前两个层次的追踪溯源技术解决。第二个环节需要物理世界中的情报、侦察取证等手段确定。第三个环节是通过网络世界中的信息（主机位置、攻击模式、攻击行为、时间、习惯、文件语言、键盘使用方式等）与物理世界中取证的各种信息情报进行综合分析，确认网络事件与物理事件的因果关联。在第二层追踪定位攻击源主机的基础上，通过获取该主机攻击行为、攻击模式、语言、文件等信息，支持物理世界中的事件确认。第四个环节是采取司法取证等手段，对物理事件中的可疑人员进行调查分析，最终确定事件责任人，即真正的攻击者。

4. 第四层追踪溯源

第四层追踪溯源的目的是确定攻击的组织机构。即实施网络攻击的幕后组织或机构。该层次的追踪溯源问题就是在确定攻击者的基础上，依据潜在机构信息、外交形势、政策战略以及攻击者身份信息、工作单位、社会地位等多种情报信息，分析、评估、确认人与特定组织机构的关系。

第七节　应急响应

一、应急响应的目的

应急响应的目的：建立健全国家网络安全事件应急工作机制，提高应对网络安全事件能力，预防和减少网络安全事件造成的损失和危害，保护公众利益，维护国家安全、公共安全和社会秩序。

二、应急响应的政策和标准

《GB/Z 24363—2009 信息安全技术　信息安全应急响应计划规范》

《GB/Z20985—2007 信息技术　安全技术　信息安全事件管理指南》

《GB/Z20986—2007 信息安全技术　信息安全事件分类分级指南》

《GB/T20988—2007 信息安全事件　信息系统灾难恢复规范》

《国家网络安全事件应急预案》

《工业控制系统信息安全事件应急管理工作指南》

《公共互联网网络安全突发事件应急预案》

《中华人民共和国突发事件应对法》

《国家突发公共事件总体应急预案》

《突发事件应急预案管理办法》

三、网络安全应急响应体系的要素

建立良好的网络安全应急保障体系，使其能够真正有效地服务于网络安全保障工作，应该重点加强以下几方面的能力。

1. 综合分析与汇聚能力

网络安全领域的应急保障，有其自身较为明显的特点，其对象灵活多变、信息复杂海量，难以完全靠人力进行综合分析决策，需要依靠自动化的现代分析工具，实现对不同来源海量信息的自动采集、识别和关联分析，形成态势分析结果，为指挥机构和专家提供决策依据。完整、高效、智能化，是满足现实需求的必然选择。因此，应有效建立以信息汇聚（采集、接入、过滤、范化、归并）、管理（存储、利用、管理）、分析（基础分析、统计分析、业务关联性分析、技术关联性分析）、发布（多维展现）等为核心的完整能力体系，在重大信息安全事件发生时，能够迅速汇集各类最新信息，形成易于辨识的态势分析结果，最大限度地为应急指挥机构提供决策参考依据。

2. 综合管理能力

伴随着互联网的飞速发展，网络安全领域相关的技术手段不断翻新，对应急指挥的能力、效率、准确程度要求更高。在实现网络与信息安全应急指挥业务的过程中，应注重用信息化手段建立完整的业务流程，注重建立集网络安全综合管理、动态监测、预警、应急响应为一体的网络安全综合管理能力。

要切实认识到数据资源管理的重要性，结合日常应急演练和管理工作，做好应急资源库、专家库、案例库、预案库等重要数据资源的整合、管理工作，在应急处理流程中，能够依托自动化手段，针对具体事件的研判处置推送关联性信息，不断丰富数据资源。

3. 处理网络安全日常管理与应急响应关系的能力

网络安全日常管理与应急响应有较为明显的区别，其主要体现在以下3个方面。

（1）业务类型不同

日常管理工作主要包括对较小的信息安全事件进行处置，组织开展应急演练工作等，而应急响应工作一般面对较严重的信息安全事件，需要根据国家政策要求，进行必要的上报，并开展或配合开展专家联合研判、协同处置、资源保障、应急队伍管理等工作。

（2）响应流程不同

日常管理工作中，对较小事件的处理在流程上要求简单快速，研判、处置等工作由少量专业人员完成即可。而应急响应工作，需要有信息上报、联合审批、分类下发等重要环节，响应流程较为复杂。

（3）涉及范围不同

应急响应工作状态下，严重的网络安全事件波及范围广，需要较多的涉事单位、技术支撑机构和个人进行有效协同，也需要调集更多的应急资源进行保障，其涉及范围远大于日常工作状态。

然而，网络安全日常管理与应急工作不可简单割裂。例如，两者都需要建立在对快速变化的信息进行综合分析、研判、辅助决策的基础之上，拥有很多相同的信息来源和自动化汇聚、分析手段。同时，日常工作中的应急演练管理、预案管理等工作，本身也是应急响应能力建设的一部分。因此，在流程机制设计、自动化平台支撑等方面，应充分考虑两种工作状态的联系，除对重大突发网络安全事件应急响应业务进行能力设计实现外，还应注重强化对日常业务的支撑能力，以最大限度地发挥管理机构的能力和效力。

4. 协同作战能力

研判、处置重大网络信息安全事件，需要多个单位、部门和应急队伍进行支撑和协调，需要建设良好的通信保障基础设施，建立顺畅的信息沟通机制，并经常开展应急演练工作，使各单位、个人能够在面对不同类型的事件时，熟悉所承担的应急响应角色，熟练开展协同保障工作。

四、应急响应组织架构

网络安全应急响应组织通常由管理、业务、技术和行政后勤等人员组成，常见的角色有应急响应领导小组、应急响应技术保障小组、应急响应专家小组、应急响应实施小组和应急响应日常运行小组5个功能小组，如图8-2所示。

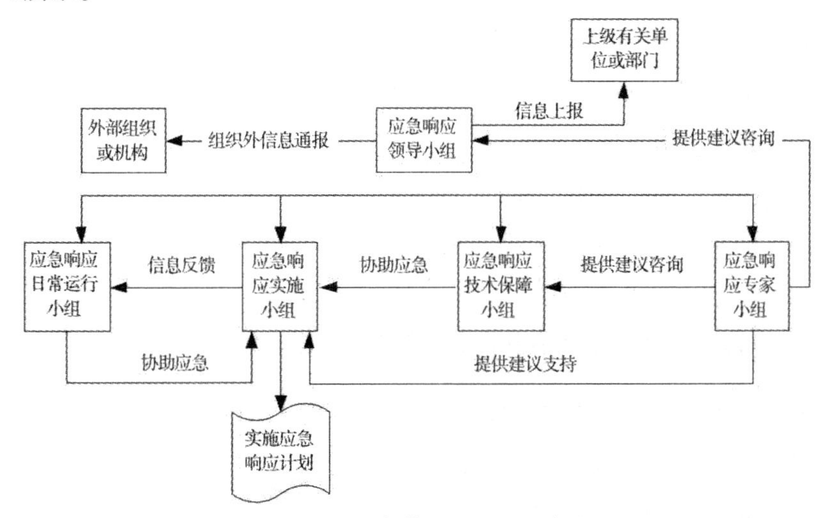

图 8-2　应急管理响应组织架构

1. 应急响应领导小组的主要职责

领导和决策网络安全应急响应的重大事宜。

2. 应急响应技术保障小组的主要职责

①制定网络安全事件技术对应表。

②制定具体的角色和职责分工细则。

③制定应急响应协同调度方案等。

3. 应急响应专家小组的主要职责

①对重大信息安全事件进行评估，提出启动应急响应的建议。

②研究分析网络安全相关情况及发展趋势，为应急响应提供咨询建议等。

4. 应急响应实施小组的主要职责

①分析应急响应需求，如风险评估、业务影响分析等。

②确定应急响应策略和等级。

③实现应急响应策略。

④编制应急响应计划文档。

⑤组织应急响应计划的测试、培训和演练。

⑥合理部署和使用应急响应资源等。

5. 应急响应日常运行小组的主要职责

①协助灾难恢复系统的实施。

②备份中心的日常管理。

③备份系统的运行与维护。

④应急监控系统的运作与维护。

⑤落实基础物质的保障工作。

⑥维护和管理应急响应计划文档等。

组织建立的内部应急响应组织应与外部的国内外应急响应组织、相关管理部门、设备设施及服务提供商（如电力供应、通信服务等）、利益相关方和新闻媒体等保持联系和协作，以确保在发生网络安全事件时能及时通报准确情况，并获得支持。

五、网络安全事件的应急响应流程

为了最大限度科学、合理、有序地处置网络安全事件，一种广为接受的应急响应方法是业内通常使用的 PDCERF 方法学，将应急响应分成准备（Preparation）、检测（Detection）、抑制（Containment）、根除（Eradication）、恢复（Recovery）、跟踪（Follow-up）6 个阶段的工作，并根据网络安全应急响应总体策略对每个阶段定义适当的目的，明确响应顺序和过程。应急响应 PDCERF 模型如图 8-3 所示。

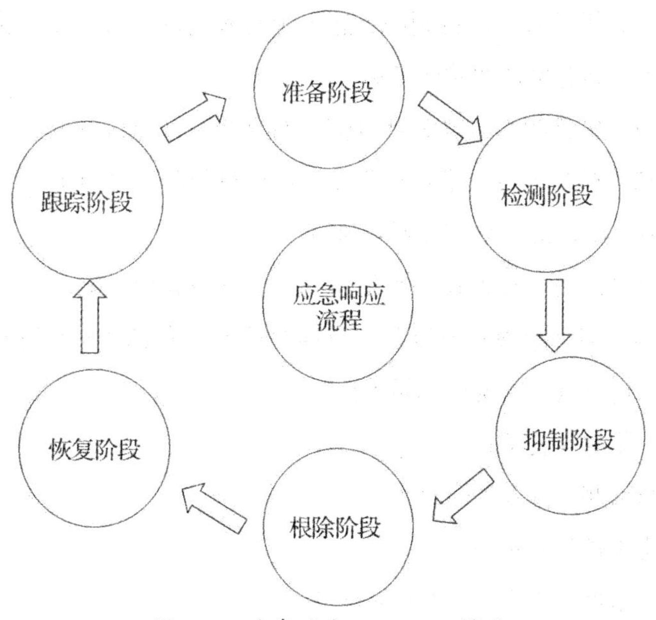

图 8-3　应急响应 PDCERF 模型

1. 准备阶段

①确定重要资产和风险，实施针对风险的防护措施。

②编制和管理应急响应计划。

应急响应计划的编制准备。

编制应急响应计划。

应急响应计划的测试、培训演练和维护。

③为响应组织和准备相关资源。

人力资源（应急响应组织）。

财力资源、物质资源、技术资源和社会关系资源等。

2. 检测阶段

检测阶段的主要任务是发现可疑迹象或问题发生后进行的一系列初步处理工作，分析所有可能得到的信息来确定入侵行为的特征，检测并确认事件的发生，确定事件性质和影响。

一旦被入侵检测机制或另外可信的站点警告已经检测到了入侵，需要确定系统和数据被入侵到了什么程度。需要权衡收集尽可能多信息的价值和入侵者发现他们的活动被发现的风险。

备份并“隔离”被入侵的系统，进一步查找其他系统上的入侵痕迹。检查防火墙、网络监视软件以及路由器的日志，确定攻击者的入侵路径、方法以及入侵者进入系统后都做了什么。

主要工作内容包括：

①进行监测、报告及信息收集。

②确定事件类别和级别。

③指定事件处理人，进行初步响应。

④评估事件的影响范围。

⑤事件通告（信息通报、信息上报、信息披露）。

3. 抑制阶段

抑制阶段的主要任务是限制事件扩散和影响的范围。抑制举措往往会对合法业务流量造成影响，最有效的抑制方式是尽可能地靠近攻击的发起端实施抑制。

主要工作内容包括：

①启动应急响应计划。

②确定适当的响应方式。

③实施遏制行动。

抑制采用的方式可能有多种，常见的包括：

关掉已受害的系统。

断开网络。

修改防火墙或路由器的过滤规则。

封锁或删除被攻破的登录账号。

关闭可被攻击利用的服务功能。

④要求用户按应急行为规范的要求配合遏制工作。

4. 根除阶段

根除阶段的主要任务是通过事件分析查明事件危害的方式，并且给出清除危害的解决方案，采取避免问题再次发生的长期的补救措施。

主要工作内容包括：

①详细分析，确定原因。

②实施根除措施，消除原因。

对事件的确认仅是初步的事件分析过程。事件分析的目的是找出问题出现的根本原因。在事件分析的过程中主要有主动和被动两种方式。

主动方式是采用攻击诱骗技术，通过让攻击方去侵入一个受监视存在漏洞的系统，直接观察到攻击方所采用的攻击方法。

被动方式是根据系统的异常现象去追查问题的根本原因。被动方式会综合用到以下的多种方法。

（1）系统异常行为分析

这是在维护系统及其环境特征白板的基础上，通过与正常情况做比较，找出攻击者的活动轨迹以及攻击者在系统中植下的攻击代码。

（2）日志审计

日志审计是通过检查系统及其环境的日志信息和告警信息来分析攻击者做了哪些违规行为。

（3）入侵监测

对于还在进行的攻击行为，入侵监测方式通过捕获并检测进出系统的数据流，利用入侵监测工具所带的攻击特征数据库，可以在事件分析过程中帮助定位攻击的类型。

（4）安全风险评估

无论是利用系统漏洞进行的网络攻击还是感染病毒，都会对系统造成破坏，通过漏洞扫描工具或者防病毒软件等安全风险评估工具扫描系统的漏洞或病毒，可以有效地帮助定位攻击事件。

但是，在实际的事件分析过程中，往往会综合采用被动和主动的事件分析方法。特别是对于在网上自动传播的攻击行为，当采用被动方式难以分析出事件的根本原因的时候，采用主动方式往往会很有效。

最后，改变全部可能受到攻击的系统的口令，重新设置被入侵系统，消除所有的入侵路径包括入侵者已经改变的方法，从最初的配置中恢复可执行程序（包括应用服务）和二进制文件，检查系统配置，确定是否有未修正的系统和网络漏洞并改正，限制网络和系统的暴露程度以改善保护机制，改善探测机制使它在受到攻击时得到较好的报告。

5. 恢复阶段

恢复阶段的主要任务是把被破坏的信息彻底地还原到正常运作状态。确定使系统恢复正常的需求和时间表，从可信的备份介质中恢复用户数据，打开系统和应用服务，恢复系统网络连接，验证恢复系统，观察其他的扫描、探测等可能表示入侵者再次侵袭的信号。一般来说，要成功地恢复被破坏的系统，需要维护干净的备份系统，编制并维护系统恢复的操作手册，而且在系统重装后需要对系统进行全面的安全加固。

6. 跟踪阶段

跟踪阶段的主要任务是回顾并整合应急响应过程的相关信息，进行事后分析总结，修订安全计划、政策、程序并进行训练以防止再次入侵，基于入侵的严重性和影响，确定是否进行新的风险分析、给系统和网络资产制定一个新的目录清单，如果需要，参与调查和起诉。这一阶段的工作对于准备阶段工作的开展起到重要的支持作用。

主要工作内容包括：

①关注系统恢复以后的安全状况，记录跟踪结果。

②评估损失、响应措施效果。

③分析和总结经验、教训。

④重新评估和修改安全策略、措施和应急响应计划。

⑤对进入司法程序的事件，进行进一步调查，打击违法犯罪活动。

⑥编制并提交应急响应报告。

第八节　攻防演习

一、攻防演习的目的

《网络安全法》明确：关键信息基础设施的运营者应“制定网络安全事件应急预案，并定期进行演练”。网络安全实战化攻防演练作为国家层面促进各个行业重要信息系统顺利建设、加强关键信息基础设施的网络安全防护、提升应急响应水平等的关键工作，以实战、对抗等方式促进网络安全保障能力提升，具有非常重要的意义。

网络安全实战攻防演习（以下简称“攻防演习”）以获取目标系统的最高控制权为目标，由多领域安全专家组成攻击队，在保障业务系统安全的前提下，采用“不限攻击路径，不限制攻击手段”的攻击方式，而形成的“有组织”的网络攻击行为。

攻防演习通常是在真实环境下对参演单位目标系统进行可控、可审计的网络安全实战攻击，通过攻防演习检验参演单位的安全防护和应急处置能力，提高网络安全的综合防控能力。

二、攻防演习的组织架构

攻防演习的组织主要包括攻防演练领导小组和三个攻防演习工作组。组织架构如图 8-4。

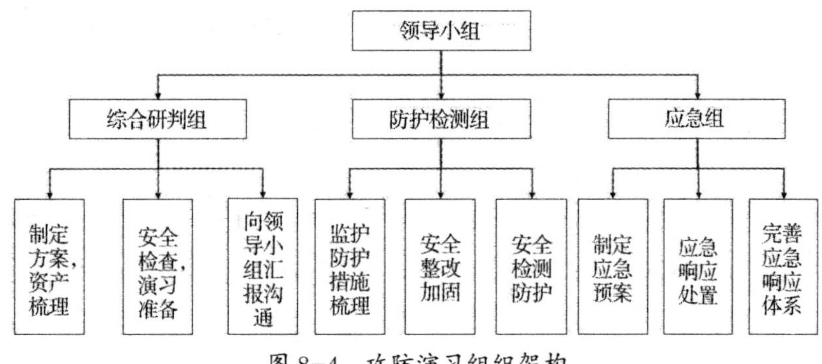

图 8-4　攻防演习组织架构

1. 领导小组

负责领导、指挥和协调本次攻防演习工作开展，向组织领导汇报攻防演习情况。

2. 综合研判组

①负责制定网络攻防演习防护方案、网络攻防预演习方案，对全网应用系统、网络、安全监测与防护设备相关资产进行全面梳理，摸清网络安全现状，排查网络安全薄弱点，为后续有针对性的网络安全防护和监控点部署、自查整改等工作提供依据。

②对全网系统资产进行安全检查，发现安全漏洞、弱点和不完善的策略设置，内容包括：

应用风险自查：重点针对弱口令、风险服务与端口、审计日志是否开启、漏洞修复等进行检查。

漏洞扫描和渗透测试：对应用系统、操作系统、数据库、中间件等进行检测。

安全基线检查：对网络设备（路由器、交换机等）、服务器（操作系统、数据库、中间件等）做安全基线检查。

安全策略检查：对安全设备（WAF、防火墙、IDS 等）进行安全策略检查。

③负责演习办公环境及相关资源准备，对目标系统、网络基础环境和安全产品可用性进行确认，负责确定预演习攻击队伍人员组成等相关工作。

④负责与组织演习领导小组联系沟通。

⑤负责对本次攻防演习工作进行总结，编写总结报告。

3. 防护监测组

①梳理现有网络安全监测、防护措施，查找不足。

②根据综合研判组安全自查发现的安全漏洞和风险进行整改加固及策略调优，完善安全防护措施。

③利用已有（全流量安全监测系统、防火墙、WAF、IDS、漏洞扫描系统）和新增（主机入侵检测系统、网站防护系统、安全策略分析系统）监测技术手段对网络攻击行为进行监测、分析、预警和处置（封禁 IP 地址、应用系统漏洞修复、恶意特征行为阻断等）。

④对网络和应用系统运行情况、审计日志进行全面监控，及时发现异常情况。

4. 应急处置组

①根据演习规则，制定应急响应工作方案。

②负责预演习应急演习中安全事件的应急处置，并对演习过程中应急响应方案存在的不足进行完善。

③负责正式攻防演习期间的应急响应处置工作。

三、攻防演习各阶段工作任务

攻防演练防守工作分成 5 个阶段，分别是准备阶段、安全自查和整改阶段、攻防预演练阶段、正式演练防护阶段、总结阶段。

（一）准备阶段

在正式攻防演练开始前，应充分做好准备阶段的工作，为后续演练工作的其他阶段提供有效的支撑。

1. 防守方案编制

攻防演练工作应按计划逐步有效地进行，在演练前，参演单位应根据实际情况完成攻防演练防守方案的编写，通过演练防守方案指导攻防演练防守工作的开展，确保演练防守工作的效果。

2. 防守工作启动会

在攻防演练开始前，应组织各参演部门相关人员，召开演练工作启动会。以启动会的形式明确演练防守工作的目的、工作分工、计划安排和基本工作流程。

通过启动会确定演练防守工作主要牵头部门和演练接口人，明确演练时间计划和工作安排，并对演练各阶段参演部门人员的工作内容和职责进行宣贯。同时，建立演练工作中的沟通联络机制，并建立各参演人员的联系清单，确保演练工作顺利开展。

3. 重要工作开展

针对攻防演练的重要工作进行梳理，确保能够有效支撑后续演练。梳理内容如下：

（1）网络路径梳理

对目标系统相关的网络访问路径进行梳理，明确系统访问源(包括用户、设备或系统)的类型、位置和途径的网络节点，绘制准确的网络路径图。网络路径梳理须明确从互联网访问的路径、内部访问路径等，全面梳理目标系统可能被访问到的路径和数据流向，为后续有针对性的网络安全防护和监控点部署奠定基础。

（2）关联及未知资产梳理

梳理目标系统的关联及未知资产，形成目标系统的关联资产清单、未知资产清单。关联资产包括目标系统网络路径中的各个节点设备、节点设备同一区域的其他设备以及目标系统相关资产，未知资产包括与目标系统可能有关联但未记录在关联资产清单里的资产。资产梳理为后续安全自查和整改加固等工作提供基础数据。

（3）专项应急预案确认

针对本次攻防演习的目标系统进行专项应急预案的梳理，确定应急预案的流程、措施有效，针对应急预案的组织、技术、管理流程等内容进行完善，确保能够有效支撑后续演习工作。

（4）安全监测防御体系

梳理当前已有的安全监测和防御产品，对其实现的功能和防御范围进行确定，并根据已梳理的重要资产和网络路径，建立针对性、临时性（租用或借用）或者长久性（购买）的安全监测防御体系，为后续正式演练及防护阶段提供工具和手段支持。

（二）安全自查和整改阶段

根据准备阶段形成的目标系统关联资产清单、未知资产清单，对与组成目标系统相关的网络设备、服务器、中间件、数据库、应用系统、安全设备等开展安全自查和整改工作。通过安全自查使目标系统的安全状况得以真实反映，结合整改加固手段对评估发现的问题逐一进行整改。基于最小权限原则（即仅仅开放允许业务正常运行所必需的网络和系统资源）制定必要的防御规则。确保目标系统在攻防预演练前所有安全问题均已采取措施得到处理。自查内容如下：

1. 网络安全检查

（1）网络架构评估

针对目标系统开展网络架构评估工作，以评估目标系统在网络架构方面的合理性，网络安全防护方面的健壮性，是否已具备有效的防护措施。

形成网络架构评估报告。

（2）网络安全策略检查

针对目标系统所涉及的网络设备进行策略检查，确保目前已有策略均按照“按需开放，最小开放”的原则进行开放。

确保目标系统所涉及的网络设备中无多余、过期的网络策略。

形成网络安全策略检查报告。

（3）网络安全基线检查

针对目标系统所涉及的网络设备进行安全基线检查，重点检查多余服务、多余账号、口令策略，禁止存在默认口令和弱口令等配置情况。

形成网络安全基线检查报告。

（4）安全设备基线检查

针对目标系统所涉及的安全设备进行安全基线检查，重点检查多余账号、口令策略、策略启用情况、应用规则、特征库升级情况，禁止存在默认口令和弱口令等配置情况。

形成安全设备基线检查报告。

2. 主机安全检查

（1）主机安全基线

针对目标系统所涉及的主机进行安全检查，重点检查多余账号口令策略、账号策略、远程管理等情况。

形成主机安全基线检查报告。

（2）数据库安全基线

针对目标系统所涉及的数据库进行安全检查，重点检查多余账号、口令策略、账号策略、远程管理等情况。

形成主机安全基线检查报告。

（3）中间件安全基线

针对目标系统所涉及的中间件进行安全检查，重点检查中间件管理后台、口令策略、账号策略、安全配置等情况。

形成中间件安全基线检查报告。

（4）主机漏洞扫描

针对目标系统所涉及的主机、数据库以及中间件进行安全漏洞扫描。

形成主机安全漏洞扫描报告。

3. 应用系统安全检查

（1）应用系统合规检查

针对目标系统应用进行安全合规检查，重点检查应用系统多余账号、账号策略、口令策略、后台管理等情况。

形成应用系统合规检查报告。

（2）应用系统源代码检测

针对目标系统应用进行源代码检测。

形成应用系统源代码检测报告。

（3）应用系统渗透测试

针对目标系统应用进行渗透测试。

形成应用系统渗透测试报告。

4. 运维终端安全检查

（1）运维终端安全策略

针对目标系统运维终端安全进行安全检查，重点检查运维终端访问目标系统的网络策略等情况。

形成运维终端安全策略检查报告。

（2）运维终端安全基线

针对目标系统运维终端进行安全检查，重点检查运维终端的多余账号、账号策略、口令策略、远程管理等情况。

形成运维终端安全基线检查报告。

（3）运维终端漏洞扫描

针对目标系统运维终端进行安全漏洞扫描。

形成运维终端安全漏洞扫描报告。

5. 日志审计

（1）网络设备日志

针对本次目标系统中网络设备的日志记录进行检查，确认能够对访问和操作行为进行记录。

明确日志开通级别和记录情况，并对未能进行日志记录的情况进行标记，明确改进措施。

（2）主机日志

针对本次目标系统中主机的日志记录进行检查，确认能够对访问和操作行为进行记录。

明确日志开通级别和记录情况，并对未能进行日志记录的情况进行标记，明确改进措施。

（3）中间件日志

针对本次目标系统中中间件的日志记录进行检查，确认能够对访问和操作行为进行记录。

对未能进行日志记录的情况进行标记，明确改进措施。

（4）数据库日志

针对本次目标系统中数据库的日志记录进行检查，确认能够对访问和操作行为进行记录。

明确日志开通级别和记录情况，并对未能进行日志记录的情况进行标记，明确改进措施。

（5）应用系统日志

针对本次目标系统中应用的日志记录进行检查，确认能够对访问和操作行为进行记录。

对未能进行日志记录的情况进行标记，明确改进措施。

（6）安全设备日志

针对本次目标系统中的安全设备的日志记录进行检查，确认能够对访问和操作行为进行记录。

对未能进行日志记录的情况进行标记，明确改进措施。

6. 备份效性检查

（1）备份策略检查

针对本次目标系统中的备份策略（配置备份、重要数据备份等）进行检查，确认备份策略的有效性。

对无效的备份策略进行标记，明确改进措施。

（2）备份系统有效性检查

针对本次目标系统中的备份系统有效性进行检查，确认备份系统可用性。

对无效的备份系统进行标记，明确改进措施。

7. 安全意识培训

①针对本次演习参与人员进行安全意识培训，明确演习工作中应注意的安全事项。

②提高本次演习参与人员的安全意识，应重点关注演习攻击中可能面对的社会工程学攻击、邮件钓鱼等方式。

③提高本次演习参与人员的安全处置能力，针对演习攻击中可能用到的手段和应对措施进行培训。

8. 安全整改加固

基于以上安全自查发现的问题和隐患，及时进行安全加固、策略配置优化和改进，切实加强系统的自身防护能力和安全措施的效能，减少安全隐患，降低可能被外部攻击利用的脆弱性和风险。

组织应完善网络安全专项应急预案，针对可能产生的网络安全攻击事件建立专项处置流程和措施。

（三）攻防预演习阶段

攻防预演练是为了在正式演练前检验安全自查和整改阶段的工作效果以及防护小组能否顺利开展防守工作，而组织攻击小组对目标系统开展真实的攻击。

通过攻防预演练结果，及时发现目标系统还存在的安全风险，并对遗留风险进行分析和整改，确保目标系统在正式演练时所有发现的安全问题均已得到有效的整改和处置。

1. 预演习启动会

由领导小组组长牵头，通过正式会议的形式，组织预攻击小组和防护工作小组各成员单位和个人，启动攻防预演练工作，明确攻防演练队伍组成、职责分工、时间计划和工作安排。

根据启动会决议内容，明确攻防预演练工作情况以及分配攻击所采用的 IP 地址。

2. 授权及备案

演练开始前期，在对目标系统进行的前期安全准备工作中，参演单位应对第三方技术支撑单位进行正式授权。确保演练各项工作，均在授权范围内有序进行。

3. 预演习平台

预演练使用的攻防演练支撑平台对攻击人员的所有行为进行记录、监管、分析、审计和追溯，保障整个攻击演练的过程可控、风险可控。同时，演练平台提供实况展示、可用性监测和攻击成果展示三个图形化展示页面，在预演练期间可通过大屏进行演示。

（1）攻击实况展示

展示网络攻击的实时状态，展示攻击方与被攻击目标的IP地址及名称，通过光线流动效果及数字标识形成攻击流量信息的直观展示。

（2）可用性监测

实时监测并展示攻击参演系统的健康性，保障攻击目标业务不受影响。通过攻击流量大小准确反应攻击方网络资源占用情况及其对攻击目标形成的压力情况。实时呈现网络流量大小等信息，并展示异常情况的描述。

（3）攻击成果展示

攻击人员取得攻击成果后，及时提交到演习平台并进行展示，显示每个目标系统被发现的安全漏洞和问题数量及细节，防守方可依据攻击成果进行安全修复整改。

4. 预演习攻击

预演练攻击由主管部门组织开展，攻击人员从授权区域对目标系统进行攻击，攻击中禁止使用 DDoS 攻击等可能影响业务系统运行的破坏性攻击方式，可能使用的攻击方式包括但不限于：

（1）Web 渗透

Web 渗透攻击是指攻击者通过目标网络对外提供 Web 服务存在的漏洞，控制 Web 服务所在服务器和设备的一种攻击方式。

（2）旁路渗透

旁路渗透攻击是指攻击者通过各种攻击手段取得内部网络中主机、服务器和设备控制权的一种攻击。内部网络不能接受来自外部网络的直接流量，因此攻击者通常需要绕过防火墙，并基于外网(非军事区)主机作为跳板来间接控制内部网络中的主机。

（3）口令攻击

口令攻击是攻击者最喜欢采用的入侵系统的方法。攻击者通过猜测或暴力破解的方式获取系统管理员或其他用户的口令，获得系统的管理权，窃取系统信息，修改系统配置。

（4）钓鱼欺骗

鱼叉攻击是黑客攻击方式之一，最常见的做法是，将木马程序作为电子邮件的附件，并起一个极具诱惑力的名称，发送给目标电脑，诱使受害者打开附件，从而感染木马，或者攻击者通过诱导受害者(IM，邮件内链接)访问其控制的伪装网站页面，使得受害者错误相信该页面为提供其他正常业务服务的网站页面，从而使得攻击者可以获取受害者的隐私信息。通过钓鱼欺骗攻击，攻击者通常可以获得受害者的银行账号和密码、其他网站账号和密码等。

（5）社会工程学攻击

社会工程学攻击是指攻击者通过各种欺骗手法诱导受害者实施某种行为的一种攻击方式。社会工程学通用用来窃取受害者隐私，或者诱导受害者实施需要一定权限才能操作的行为，以便于攻击者实施其他攻击行为。

5. 预演习防守

预演练防守工作由防护小组开展，在预演练期间，防护小组中各部门应组织技术人员开展安全监测、攻击处置和应急响应等防守工作。

（1）业务监测

目标系统的相关运维部门利用系统监测手段实时监测应用系统和服务器运行状态，包括系统访问是否正常、业务数据是否有异常变更、系统目录是否出现可疑文件、服务器是否有异常访问和修改等，监测到异常事件后及时协同相关部门共同分析处置。

（2）攻击监测

预演习期间，安全部门、网络部门等利用全流量分析设备、Web防火墙、IDS、IPS、数据库审计等安全设备对网络攻击行为进行实时监测。基于流量分析，对网络安全策略有效性进行检验，并对安全设备的攻击告警进行初步分析，评估攻击真实性和影响，及时协同相关部门共同分析处置。

（3）事件处置

在业务系统运行发生异常事件或安全设备出现攻击告警后，防护小组应协同对事件进行处置，分析事件原因，明确攻击方式和影响，确定处置方案，通过调整安全设备策略等方式尽快阻断攻击、恢复系统。

（4）应急响应

在事件处置过程中，经分析确定已发生网络攻击，且攻击已成功进入系统、获取部分权限、上传后门程序，应立即启动专项应急响应预案，根据攻击影响可采取阻断攻击、系统下线等方式进行处置，并全面排查清理系统内攻击者创建的系统账号、后门程序等。

（5）修复整改

网络攻击事件处置完毕后，安全部门和业务主管部门应针对攻击利用的安全漏洞或缺陷，组织技术力量尽快进行漏洞修复和问题整改。

6. 预演习总结

参加预演人员对演练过程中发现的问题进行总结，包括是否存在系统漏洞、安全设备策略是否有缺陷、监测手段是否有效等，针对性提出整改计划和方案，尽快进行整改，同时通过攻防预演练发现的问题改进和完善安全自查和整改阶段的工作，为后续工作积累经验。

（四）正式防护阶段

在正式防护阶段，重点加强防护过程中的安全保障工作，各岗位人员各司其职，从攻击监测、攻击分析、攻击阻断、漏洞修复和追踪溯源等方面全面加强演练过程的安全防护效果。

1. 安全事件实时监测

当开启正式防护后，防护小组组织各部门人员，根据岗位职责开展安全事件实时监测工作。安全部门组织其他部门人员借助安全防护设备（全流量分析设备、Web 防火墙、IDS、IPS、数据库审计等）开展攻击安全事件实时监测，对发现的攻击行为进行确认，详细记录攻击相关数据，为后续处置工作开展提供信息。

2. 事件分析与处置

防护小组根据监测到安全事件，协同进行分析和确认。

防护小组根据分析结果，应采取相应的处置措施，来确保目标系统安全。通过遏制攻击行为，使其不再危害目标系统和网络，依据攻击行为的具体特点实时制定攻击阻断的安全措施，详细记录攻击阻断操作。

演练工作小组应针对攻击演练中可能产生的攻击事件，根据已经制定的网络安全专项应急预案进行协同处置，同时在明确攻击源和攻击方式后，在保证正常业务运行的前提下，可以通过调整安全设备策略的方式对攻击命令或IP进行阻断，分析确认攻击尝试利用的安全漏洞，确认安全漏洞的影响，制定漏洞修复方案并及时修复。

（五）总结阶段

全面总结攻防演练各阶段的工作情况，包括组织队伍、攻击情况、防守情况、安全防护措施、监测手段、响应和协同处置等，形成总结报告并向有关单位汇报。

针对演练结果，对在演练过程中存在的脆弱点，开展整改工作，进一步提高目标系统的安全防护能力。

参考文献

[1] 曹雅斌. 网络安全应急响应 [M]. 北京：电子工业出版社，2020.

[2] 马燕曹. 信息安全法规与标准 [M]. 北京：机械工业出版社，2004.

[3] 吴世忠. 信息安全技术 [M]. 北京：机械工业出版社，2014.

[4] 武春岭. 网络安全管控与运维 [M]. 北京：电子工业出版社，2014.

[5] 张金城. 信息系统审计 [M]. 北京：清华大学出版社，2009.

[6] 中华人民共和国国家质量监督检验检疫总局. 信息安全技术 信息安全风险评估规范：GB/T 20984—2007[S]. 北京：中国标准出版社，2007.

[7] 国家市场监督管理总局. 信息安全技术 网络安全等级保护基本要求：GB/T 22239—2019[S]. 北京：中国标准出版社，2019.

[8] 国家市场监督管理总局. 信息安全技术 信息安全风险管理指南：GB/Z 24364—2009[S]. 北京：中国标准出版社，2009.

[9] 国家市场监督管理总局. 信息安全技术 网络安全等级保护测评要求：GB/T28448—2019[S]. 北京：中国标准出版社，2019.

[10] 国家市场监督管理总局. 信息安全技术 网络安全等级保护测评过程指南：GB/T28449—2019[S]. 北京：中国标准出版社，2019.

[11] 中华人民共和国国家质量监督检验检疫总局. 信息安全技术 信息安全风险评估实施指南：GB/T 31509—2015[S]. 北京：中国标准出版社，2015.

[12] 国家市场监督管理总局. 信息安全技术 信息系统密码应用基本要

求：GB/T39786—2021[S]. 北京：中国标准出版社，2021.

[13] 中国密码学会密评联委会. 信息系统密码应用测评要求：GM/T 0115—2021[S]. 北京：中国标准出版社，2021.

[14] 中国密码学会密评联委会. 信息系统密码应用测评过程指南：GM/T 0116—2021[S]. 北京：中国标准出版社，2021.